WOW! 去太空
跟航天人探索飞天路

钱航　尚玮　扈佳林　著

科学普及出版社

·北京·

序 | Sequence

1970 年 4 月 24 日，由中国运载火箭技术研究院研制的长征一号运载火箭，成功将中国第一颗人造卫星东方红一号送入太空，拉开了中国人探索宇宙奥秘、和平利用太空、造福人类的序幕，中国由此成为世界上第五个用自制火箭发射国产卫星的国家。2016 年 3 月 21 日，一个振奋人心的消息瞬间传遍神州大地：国务院正式批复同意，自 2016 年起，将每年 4 月 24 日设立为"中国航天日"，以纪念中国航天事业的这一伟大成就、大力弘扬航天精神、激发青少年科学探索精神，进而推动中国航天事业迈向更高水平。

六十一甲子，弹指一挥间。1957 年 11 月 16 日，中国运载火箭技术研究院的前身——国防部第五研究院一分院成立。1958 年 4 月 2 日，被外界亲切地誉为航天人才的"黄埔军校"和"总设计师的摇篮"——中国运载火箭技术研究院总体设计部成立。60 年前，以火箭院第一任院长钱学森、总体部第一任主任梁守槃为代表的老一辈航天人，在极其艰难的条件下，自力更生、艰苦创业，使中国的航天事业历经从无到有、从弱到强，创造出了"两弹一星"、载人航天、探月工程、北斗导航工程为代表的辉煌成就。

2015 年，在纪念中国人民抗日战争暨世界反法西斯战争胜利 70 周年的"93 大阅兵"中，由中国运载火箭技术研究院抓总研制的多款新型洲际战略核导弹、常规战术导弹和远程精确打击装备缓缓驶过天安门广场，接受党和国家领导人的隆重检阅。作为维护国家战略安全的国之重器，这些导弹武器一经亮相，国人为之骄傲，世界为之震撼，作为航天人，我们更感到无比激动和自豪。目前，中国运载火箭和卫星研制、发射能力已步入世界先进行列，在轨稳定运行的各类卫星达到 170 余颗，超过俄罗斯，仅次于美国，位居世界第二。中国正在由"航天大国"向"航天强国"稳步迈进！

60 年来，在航天事业取得辉煌成就的过程中，也孕育形成了"热爱祖国、无私奉献、自力更生、艰苦奋斗、大力协同、勇于攀登"的"两弹一星"精神和"特别能吃苦、特别能战斗、特别能攻关、特别能奉献"的载人航天精神，航天精神是我们走向胜利的强大动力。航天精神，是自力更生、艰苦奋斗的精神。航天精神，是自主创新、勇于攀登的精神。航天精神，更是以国为重、无私奉献的精神。中国的航天事业是在世界航天大国已经发展几十年后起步的，为了缩小差距，迎头赶上，中国航天人始终以国家利益为最高利益，勇于攻坚、敢于创新，以惊人的毅力和勇气攻克了一个又一个技术难关，在很短的时间里不断取得历史性突破，用满腔热血谱写了共和国航天事业的壮丽史诗。

建院60年来，中国运载火箭技术研究院有6人获得共和国"两弹一星"元勋称号，培养出31位两院院士和2位全国最高科学技术奖获得者。老一辈航天人甘当人梯，新一代航天人已经茁壮成长。目前，在中国航天工作者队伍中，35岁以下的技术骨干已占80%，成为名副其实的主力军，一大批能够处于世界科技前沿的高素质年轻人才，为中国的航天事业实现新的突破积蓄了强大的发展后劲。

雄关漫道真如铁，而今迈步从头越。2016年，被誉为"神箭"的CZ-2F火箭再次出征，发射天宫二号空间实验室，随后还托举了神舟十一号飞船、将两名航天员送入太空，并实现与天宫二号的对接，驻留30天以上并开展了多项科学实验；2017年，中国新一代中型运载火箭长征七号将天舟一号货运飞船准确送入轨道，实现了中国载人航天工程空间实验室阶段收官之战；今年年底，长征三号乙运载火箭将发射嫦娥四号着陆器和巡视器，实施世界上首次在月球背面软着陆和巡视探测的任务。

习近平总书记指出，"航天梦"是强国梦的重要组成部分，随着中国航天事业的快速发展，中国人探索太空的脚步会迈得更大。接下来，我们将开启火星探测项目，有可能在未来3～5年发射火星探测器；2022年左右，中国自己的空间站将建设完成；同时，中国自主研发的北斗卫星导航系统将全面建成并实现全球导航覆盖；另外，月球探测工程也将在2020年前实现"回"的任务，月球飞行器不但在月球表面降落，还将带回我们需要的月球物质，并计划在2030年前后实现航天员登月的目标。

青年兴则国家兴，青年强则国家强。希望你们努力学习科学文化知识，刻苦学习、早日成材，担当时代的责任！国家的未来需要你们，民族的复兴依靠你们，伟大的事业在召唤你们！希望你们中的有志者，长大后投身祖国的航天事业，争做时代的强者，为祖国的兴盛贡献青春和热血，为实现"航天梦"、"强军梦"和"中国梦"，实现中华民族的伟大复兴而努力奋斗！

中国运载火箭技术研究院总体设计部党委书记　王国辉

　　航天科技是人类开发空间资源和探索宇宙的技术基础，普及航天科技知识，是提高全民科学素质的一项重要内容。本书编著者是长期从事航天工作的第一线专家，作者们在编著过程中收集国内外大量资料，通过认真分析、仔细推敲完成了全书的编写工作。全书对世界航天的发展历史，中国载人航天工程、中国嫦娥探月工程，以及载人航天、月球探测、太阳系探测、太阳系外探测等多方面太空知识作了详细的介绍，文笔流畅，内容深入浅出，是一本具有知识性的航天科普读物，是启发青少年学习航天知识、热爱航天的一本有益读物。

著名航天飞行力学专家、中国科学院院士 余梦伦

　　一本好的科普读物，如何做到科学性与青少年的阅读习惯相统一？我想，钱航做到了！书中以严谨的科学态度科普太空知识，必定能在广大中小学生中引发新一轮的"太空热"。满足孩子们的好奇心，帮孩子们掀开太空神秘的面纱，无限奥妙历历尽揽。

火箭总体设计专家、中国科学院院士 刘竹生

前 言 | Preface

传播知识就是播种幸福

——青年科学家带你迷科学

习近平总书记在中国科学院第十九次院士大会、中国工程院第十四次院士大会上强调"当科学家是无数中国孩子的梦想,我们要让科技工作成为富有吸引力的工作、成为孩子们尊崇向往的职业,给孩子们的梦想插上科技的翅膀,让未来祖国的科技天地群英荟萃,让未来科学的浩瀚星空群星闪耀!"总书记重要指示为激发青少年崇尚科学、探索未知、敢于创新的热情,建设科技强国实现中国梦提供了重要遵循。

科学家是青少年走入科学殿堂的引路人,在《知识就是力量》杂志举办过的无数次校园科学讲座和科学活动中,我们发现,老科学家能让学生敬仰并树立高远志向,而青年科学家能让学生觉得科学有趣,成为科学研究者并非遥不可及,青年科学家是最接近青少年的科学群体。为此,我们策划了《青年科学家趣谈科学》丛书,邀请当前活跃在科研一线的青年科学家们为青少年创作有趣的科普内容。

在一场由老、中、青三代科学家组成的《青年科学家趣谈科学》选题研讨会上,来自天文、动物、植物、海洋等不同领域的科学家们畅谈青少年最感兴趣的话题,碰撞出的火花瞬间放射出巨大的能量。我们要为青少年尽可能保留每一位青年科学家的个人风格,为青少年展现作者原滋原味个性化的科学内容。经过将近一年的创作，打磨，第一批四本书出炉了。

《Wow！去太空——跟航天人探索飞天路》，长征家族是怎么诞生的？在太空要怎么生活？探索系外文明我们有哪些工具？钱航，中国运载火箭技术研究院总体设计部型号设计师化身"奇航"博士，带领读者进入航天的知识海洋里，以诙谐有趣的文风讲述各种航天科学知识。

《Great！植物学家的苗圃》植物学博士、知名植物科普人史军结合亲身经历，为读者打开一扇认识身边奇花异草的大门。花店里卖的薰衣草有可能是假的，误食水仙后果严重哦，郁金香也会感染病毒呢……

《Hi！赶海去——跟环境科学博士寻宝潮间带》谁说螃蟹都是横行霸道？长腕和尚蟹就大声说不！长了无数的"手指"白骨壤是什么？中国红树林保育联盟理事长兼总干事刘毅结合对潮间带多年的观察研究，以及带领认知潮间带的经历，引导读者们翻开潮汐之间，沙滩下的生物世界。

《Go! 游天宫——跟天文学博士认识相对论》激战妖怪与尺缩原理有什么关系？飞行比赛和光速最大是什么原理？中国科学院上海天文台研究员韩文标将中国传统文化故事和现代科学理论相结合，让读者接受相对论的基本原理时，也培养青少年的科学兴趣和素养。

诺贝尔曾经说过，传播知识就是播种幸福，让青少年爱上科学，就是为他/她播种幸福的种子，为了这一夙愿，我们一直在路上。

《知识就是力量》杂志社　郭晶

目 录 | Contents

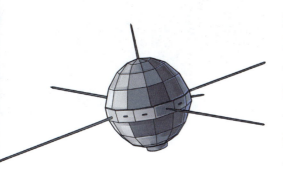

第一章

飞出地球摇篮

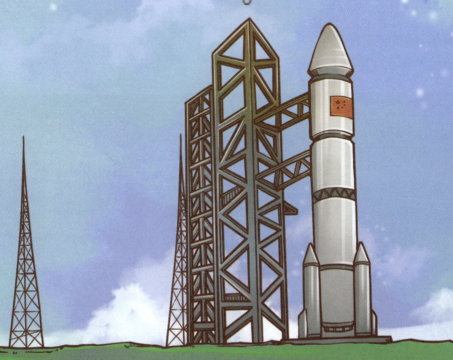

长征首飞东方红

2016 年 4 月 24 日是首个"中国航天日"，以纪念中国航天的巨大成就和科学家们的辛苦付出。你知道吗？4 月 24 日是个特别值得纪念的日子——1970 年的这一天，中国首颗人造卫星东方红一号发射成功，从此拉开了中国人探索宇宙奥秘的序幕。下面，请中国首次太空授课地面实验老师奇航博士带领大家乘坐"时光机"回到过去，看看东方红一号的故事。

✦ 代号"581"的神秘小组 ✦

故事要从 20 世纪 50 年代讲起。1958 年 10 月，在中国科学院，一个秘密组织成立了，代号为"581"小组，意为 1958 年的第一号重大任务。进入这个小组的研究人员，什么都不能对外说，包括对家人。

这个任务到底是什么？造中国第一颗人造卫星！这个小组的组长就是著名科学家钱学森。

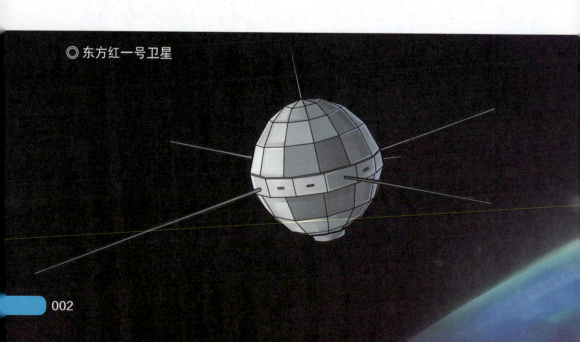

◎ 东方红一号卫星

为什么要成立这个小组呢？就在一年前的 1957 年 10 月，苏联成功发射人类第一颗人造卫星，震惊世界。"我们也要搞人造卫星"毛泽东主席说。

名叫东方红一号

"东方红，太阳升……"你听过这首歌吗？1967 年，中国正式将第一颗卫星命名为东方红一号，用长征一号运载火箭发射，发射时间定为1970 年。

那个年代，中国的物质资源匮乏，科学技术落后，卫星研制的工作非常

艰苦——没有计算机，只能用手摇计算器甚至算盘来计算；发动机测试室是由厕所改装的；控制火箭星箭分离的定时装置，是一只小台钟改装的；火箭点火装置是将手电筒的小灯泡敲碎，取出灯丝裹上硝化棉制成的；没有燃料加压设备，就用自行车打气筒将推进剂压入贮箱中 …… 但这些都没有阻拦住科学家们的脚步，火箭卫星研制工作按计划进行。

✦ 爬上"火药桶" ✦

一切准备就绪，时间来到 1970 年东方红一号发射前——

4 月 24 日 18 点 30 分左右，一位在运载火箭旁值守的战士，听到了一串咕咕噜噜的声音，好像是第二级火箭上的一个小东西掉了下来。仔细寻找后，他终于把它找到了，原来是个弹簧垫圈。

一个小小的多余物，就可能导致整个发射的失败。这个弹簧垫圈到底是多余物，还是设备上脱落下来的？还有其他多余物吗？于是，科研人员韩厚健[①]等人，立即爬上临时架设的工作梯，开始对火箭进行全身检查。

火箭当时处于待发状态，燃料已经加注完毕，上百个火工品也都装好了。这时的火箭就像一个"火药桶"，一丁点火花儿、一次撞击、一个不注意都有可能造成爆炸。"塔架上安静极了，我上梯子都能听见自己的心跳声。"韩厚健后来回忆说。

由于直径 8 毫米的弹簧垫圈只有气瓶装置组使用，科研人员准备直接对它们进行检查。结果，打开舱门一看，每个气瓶组上的弹簧垫圈都完好无损，舱内也没有其他多余物。"那个掉下来的弹簧垫圈肯定是一个多余物，火箭没问题！"大家这才放下心来。

当他们排除隐患回来时，已过了 19 点。两个半小时后，21 点 35 分，一声巨响，长征一号腾空而起，中国第一颗人造卫星东方红一号成功发射升空。

---

① 韩厚健：长征一号运载火箭总体设计员，曾任中国航天科技集团一院某型号总设计师、研究员。

中国航天的"灯塔"

从"东方红一号"发射成功开始，中国航天科研人员相继创造了以"两弹一星"、载人航天、探月工程为标志的辉煌成就，在空间技术、空间应用、空间科学三大领域实现了快速发展。目前，中国卫星研制与发射能力已步入世界先进行列，稳定围绕地球飞行并正在工作的卫星数量位居全球第二，也就是说，我们的航天科学家能够把更大的航天器以更快的速度发射到太空中，在我们星空中有非常多的卫星在为我们服务。

如今，东方红一号已完成了使命，停止了工作，但我们仍然可以通过望远镜看到它在宇宙中的身影。它就像是中国航天的"灯塔"，照亮了航天事业后继者前进的道路。而科研人员们自力更生、艰苦奋斗、严谨务实、勇于攀登的航天精神，也将永远激励着我们。

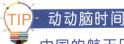

TIP·动动脑时间

中国的航天日是哪一天？

地球的"千里眼"

大家好，我是高分二号卫星，在 2014 年就飞到了距离地面 600 多千米的地球轨道上。你知道吗？虽然我站得很高，但是我能够看到地面上箱子大小的物体呢。我的视力能够看到地球上小于一米的东西，已经达到了黄金级别。

◈ 为什么我在太空掉不下去呢 ◈

当轰隆的运载火箭托举我到太空，我成功地展开了一双翅膀，地面上指挥大厅的师父们纷纷为我鼓掌庆贺。第一次到太空，阳光有点刺眼，不过很温暖很舒服，于是我调整好自身的姿态全面迎着太阳。虽然像鸟儿一样拥有一双有力的翅膀，但是我的飞行可不是靠它们。我的翅膀——太阳能电池板将太阳光转化为我所需要的能量。为什么我在太空中能够不用任何动力持续飞行呢？那是因为虽然我想离开地球，但是地球的引力像一只看不见的大手，紧紧抓住我不放。这样一个要离开，一个要拉住，两边力量正好相等，所以我就不会掉下来。像我这类在大气层之外飞行的飞行器，叫**航天器**，如人造

◎ 地球的"千里眼"

地球卫星、载人飞船、空间站和各种空间探测器等都属于航天器家族。航天器自己是不能飞上天的，它是借助于运载火箭把我们送上太空轨道的。世界上另一类飞行器是航空器，飞机是大家熟悉的航空器，飞机的飞行是靠翅膀在空气里运动产生的升力，飞机只能在大气层里飞行，离开大气层它就不能飞行了。

我的千里眼

我属于对地观测卫星家族，也就是在卫星上利用"眼睛"——光学仪器"凝视"地球，给地球拍照。只不过巨大的我本身就是一台相机。我的"眼睛"直径就有半米，"眼睛"深度更是超过一辆常见的考斯特中巴车的长度。虽说我身宽体胖，但我可是举重若轻，拍起照片来更是稳稳的。因为师父们在我的相机底下，安装的部位加了阻尼减震装置，要去吸收能量，让我也稳定。不仅如此，师父们在我的身体各个部位上，如翅膀上以及所有的转动部件，都采取了阻尼减震①的措施。师父们夸我说："高分二号这个大家伙不仅才华出众，身体还倍儿棒，设计寿命不少于五年，而使用寿命甚至可能达到八年，它拍的照片比之前进口的照片还要好！"

———————————————
① 固体振动时，使固体振动的能量尽可能多地耗散在阻尼层中的方法，称为阻尼减震。

　　我在天上飞行的速度非常快，一天可以绕地球十几圈，不过我一点儿都不累，感觉就像你坐在漂流船一样快速顺流而下。你一定要问我，这么快又是如何看准地面上箱子大小的物体的呢？虽然我飞得快，但我可以在飞抵特定上空时拍出高清晰度的照片，当我飞完一圈又回到这个位置时，可以再次拍照，形成连续地对特定区域进行监控。

　　未来，我的注意力将主要放在咱们国家的国土、城市、交通和森林，给人们的生产生活带来便利。我和我的哥哥高分一号卫星在云南鲁甸地震抗震救灾中功劳不小。地面上的科学家从我的哥哥 2014 年 2 月提供的照片中成功地解译出新疆于田地震中新增地表破裂带有关信息并确立震中位置，为该地区的地质构造、发震构造研究等提供了重要信息支撑。

　　师父们赋予我更加灵活的身躯，让我在灾区上方可以摆动更大的范围，从而看到更广泛的区域，拍到更全面的灾情图。而且我眼尖的特长绝对能够把地面上的这个汽车看得清清楚楚，地震出现的堰塞湖在我眼中更加不在话下。

　　师父们为了我的出生，倾注了大量心血，并且我身上几乎所有的部件都是产自中国。我将自由翱翔在太空，擦亮我的眼睛，为我的祖国看护好家园！

　　今年 6 月 2 日中午 12 点 13 分，在酒泉卫星发射中心，高分家族新成员，高分六号卫星成功发射升空，卫星进入预定轨道。

 TIP 动动脑时间

为什么高分卫星能够稳稳地拍照？

火箭"新秀"怀抱二十星

亲爱的小读者，2015 年 9 月 20 日，中国新型运载火箭长征六号在太原卫星发射中心点火发射，成功将 20 颗微小卫星送入太空。此次发射任务圆满成功，不仅标志着中国长征系列运载火箭家族再添新成员，而且创造了中国航天一箭多星发射的新纪录。你一定很好奇长征六号"新"在哪里？它们又是怎么上天的？下面奇航博士就请火箭"新秀"——长征六号，小名长六，为你讲解。

❀ 躺着穿衣服和检查身体 ❀

在这次堪称完美的冲天之旅中，我的心脏——发动机可是立下了汗马功劳。我的一级，也就是最下面那一级采用单台最大推力为 120 吨的液氧 / 煤油发动机，二、三级分别采用一台液氧 / 煤油发动机和一台常规推进剂发动机。这是科学家们首次在我身上安放了中国最新研制的高压、大推力、无毒、无污染的液氧煤油发动机，也就是发动机烧的是煤油，你一定知道是无毒的，而液氧就是将氧气液化存储在罐中。点火后，煤油与液氧混合燃烧，就像蜡烛在空气中燃烧一样，连燃烧后的产物几乎都是一样的，都是二氧化碳和水，所以对咱们环境就是无污染的。

以往，我的兄弟姐妹研制完毕从总装车间运往发射场，大多是分段运输，然后在发射场的塔架上完成火箭各子级的垂直吊装总装和测试。科学家们对这一传统模式进行了彻底变革，创造性地在我身上采用了水平模式，即水平整体测试、水平整体星箭对接、水平整体运输起竖发射。在之前的时期，我都是舒舒服服"躺着"完成"穿衣服"和"检查身体"，还有将 20 个调皮的微小卫星塞入我肚中。然后，我也是睡在车上来到发射场的，最后才是一气呵成地完成水平对接、翻转起竖、垂直定位、燃料加注和发射等动作。不

得不说，非常感谢运送我的车辆，不仅让我稳稳地安坐其上享受一切，还能实现自动导航无人驾驶及精确定位，误差据说不超过米粒大小呢。

带很多孩子上天

20个卫星"孩子"，来自6个不同的研制"家庭"，有来自国防科技大学的，有来自哈尔滨工业大学的，有来自浙江大学的，有来自清华大学的，高矮胖瘦各不相同。要安安地放下它们，对我的有效空间运用是一个考验。

20颗卫星被分成了3层，像金字塔般地分别排列。最底层安放了5颗主星，其中2颗主星怀中各自抱着2颗子星；中间层有4颗主星，其中1颗主星的怀中抱着5颗子星，最上面一层则是1颗主星抱着1颗子星。

20颗卫星跟随长征六号火箭进入太空后分4次释放，每次释放只间隔几十秒。"麻辣"的问题来了——如何确保它们不会相互碰撞？

通常，用一枚火箭发射多颗卫星，按入轨模式可分为两类。一是把一批卫星送入基本相同的轨道，当火箭抵达预定轨道后，把所有的卫星像天女散花一样释放出去；二是把多颗卫星分别送入不同参数的轨道。我此次正是天

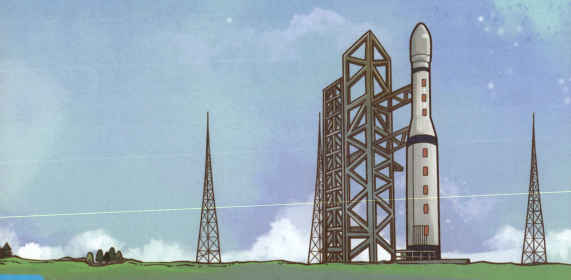

女散花式释放小卫星。这种"看上去很美"的方式要解决的关键技术就是，防止卫星释放时星箭和星星间的碰撞。10颗主星按照一、二、三层依次释放，其中第三层的5颗主星分2次释放，另外10颗子星择机释放。

别看我带上天的孩子多，但我非常灵巧，我的末级可以高精度调姿和实现正推轨道控制，这在国内运载火箭中尚属首次，给多星分离轨道设计提供了极大的便利。把小家伙们送入太空轨道后，我还能迅速离开越飞越远，保证了星星间、星箭间的安全距离。

当你看完我的讲解后，是否对航天充满向往，也跃跃欲试呢？事实上，这些微小卫星有些甚至是在校研究生设计的。期待未来我能够带着你设计的卫星作品上天！

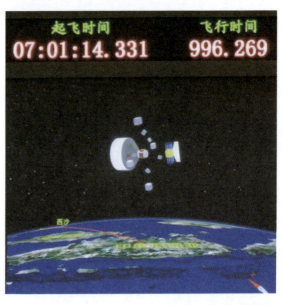

◎ 长征六号发射卫星

2017年11月21日12时50分，我国在太原卫星发射中心用长征六号运载火箭，成功发射吉林一号视频04、05、06星。卫星顺利进入预定轨道，发射任务取得圆满成功。这是长征六号第二次飞行。

 TIP 动动脑时间

请说出长征六号火箭一箭二十星是怎么做到的？

天下武功，唯快不破

在一箭二十星的长征六号首飞成功后的第五天，新的喜讯传来了。2015 年 9 月 25 日，中国新型运载火箭长征十一号在酒泉卫星发射中心点火发射，成功将 4 颗微小卫星送入太空。这标志着又一款新型火箭进入发射任务序列，这也是中国首次实现固体运载火箭"一箭多星"发射，意味着未来中国能在 24 小时内实现卫星快速发射。

亲爱的小读者，你一定关注了一箭二十星的长征六号运载火箭的新颖，但接下来同样首飞成功的长征十一号更是具有划时代意义，被称为"快箭"。你想知道为什么吗？下面就请长十一自己来告诉你吧。

✦ 火箭的心脏分两种：固体与液体 ✦

大家好，我是小十一。以往我所有的兄弟姐妹都是液体火箭，而我是首枚固体火箭。称我们是固体火箭或液体火箭不是说我们自身的结构，而是指我们的心脏——发动机采用的是固体发动机还是液体发动机。液体火箭发动机技术相对简单，容易实现，因为液体燃料通过一个泵就可以把它输送到发动机燃烧室去，非常简便；而固体燃料的输送技术则难以掌握，毕竟固体是不会流动的。

液体火箭的优势在于运载能力大，可达 5 吨至 10 吨，但是缺点在于燃料加注时间长，从测试到发射整个流程需要 20 天到 50 天；固体火箭虽然运载能力不如液体运载火箭，但其最大的优势在于可以长期把燃料放在火箭内，接到发射命令后，从测试到发射能在一天内完成，可以很好地应对突发灾害后的通讯和观察任务，便于有针对性地采取措施。

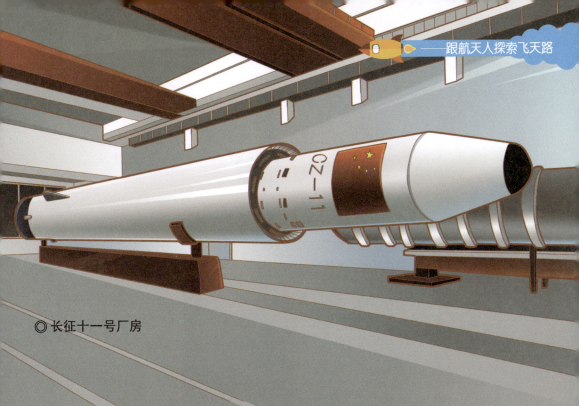

◎ 长征十一号厂房

⊕ 快速、便捷、灵活 ⊕

　　相比于火箭家族的其他兄弟姐妹，我具有可整体储存、操作简单、发射成本低、发射周期短的特性，**最大的优势是"快速、便捷、灵活"，可实现卫星快速组网和补网。**此外，科学家还在我身上采用国际通用星箭接口 ①，可满足不同任务载荷、不同轨道的多样化发射需求。

　　小卫星发射方式正在由传统的搭载向个性化、定制化发射方向发展，固体运载火箭在小卫星快速、便捷、廉价方面具有不可替代的优势。以抗震救灾为例，我可以在 24 小时之内将小卫星成功运送至灾区上空，对受灾情况进行快速勘察。而当前我的液体运载火箭兄弟在短时间内无法完成这种快速反应。中国目前在役的液体运载火箭射前准备需要 20 至 30 天，而具备快速发射能力的新一代小型液体运载火箭射前准备也

---

① 星箭接口，打个比喻：如果说火箭是小汽车，卫星是乘客，那么星箭接口就是小汽车的座椅。

需要 7 天时间。

搭载的卫星

虽然我带着 4 个微小卫星，数量上比一箭二十星的长六兄弟少，但这些小家伙个个都身怀绝技。第一颗是"浦江一号"，另三颗是"上科大二号"立方体试验卫星。

值得一提的是，浦江一号在国内卫星上首次使用了 3D 打印技术，其天线支架采用了钛合金材料的 3D 打印成型方案。这是出于卫星快速研制、降低成本的需求。原来生产一个支架需要 4 个月的生产周期，采用 3D 打印仅仅需要 3 天时间。

WiFi 是目前应用最为普及的一种短程无线传输技术，而浦江一号创造性地将这一概念引入航天领域，通过无线技术互联，将航天器上的传感器组成一个"互联网"。

"上科大二号"卫星由 3 颗卫星组成，大小和重量同家用小型打印机类似。3 颗立方星均搭载自组网通信机，利用 3 颗星建立空间最小网络，实现立方星级别的星间通信组网。

航天技术正如我的步伐一样越来越快捷，航天家族成员也越来越丰富。我一直处于待命状态，如果有需要，我可以随时为祖国一飞冲天!

今年 4 月，长征十一号固体运载火箭在酒泉卫星发射中心点火升空，以"一箭五星"的方式，成功将"贵阳一号"卫星（欧比特微纳卫星星座 02 组五颗卫星中的高光谱 03 星）送入太空，拉开民营公司卫星组网发射的序幕。这是长征十一号第四次飞行，后续还将在今年执行我国首次海上发射任务。

TIP 动动脑时间

长征十一号为什么是所有火箭中发射最快的?

"退休" 的飞行器

太空里的飞行器同我们人类一样，也经历年轻、衰老的过程。当它们完成既定的任务后，就可以光荣"退休"了。可是，许多的飞行器都会工作到"老得动不了"，才彻底"退休"。"退休"后会有什么样的归宿呢？请跟随奇航博士一起去探望它们吧。

努力工作

太空曾有不少早就完成既定任务的飞行器，比如美国的机遇号、勇气号，中国的天宫一号、嫦娥二号等。可是，它们"退休"后仍在努力地工作，甚至有一些还在太空工作着。

机遇号和勇气号是在 2004 年就被送到火星执行任务的，本来它们 90 天就完成任务了，但到现在它们还在火星上坚持"站岗"，而且取得了很多成绩，比如发现了火星上的第一个陨石、防热护盾岩[1]，以及持续多年研究维多利亚撞击坑等。

中国的天宫一号于 2011 年发射上天，本来只能"存活"两年，但它仍然坚持进行着在轨实验，帮助我们探索着宇宙的奥秘。2016 年 3 月 16 日，天宫一号正式终止数据服务，全面完成了其历史使命。2018 年 4 月 2 日 8 点 15 分左右，天宫一号已再入大气层，再入落区位于南太平洋中部区域，绝大部分器件在再入大气层过程中烧蚀销毁。

还有 2010 年发射的嫦娥二号，设计寿命只有 6 个月，可现在它还在工作，并且取得了很多成绩。例如 2013 年 1 月，嫦娥二号深空探测成功突破 1000 万千米，相当于要绕地球大约跑 250 圈；嫦娥二号是目前中国首颗飞入

---

① 2005 年 1 月份，机遇号在接近其丢弃的挡热板附近发现一块不同寻常、类似金属的岩石，探测器上携带的分光仪证实了这块岩石是由铁和镍构成，显示它可能是来自太空的一颗陨石，这也是人类首次在外星体上发现陨石。

行星际的探测器，截至 2017 年 7 月，它离地球大概 4 亿多千米了，并且正在奔向更远的深空。只有当它们"老得动不了"，它们才会放弃工作，彻底"退休"。

华丽谢幕

彻底"退休"的飞行器，如果继续留在原来的轨道上，会因为"衰老"或故障很容易和"年轻"的飞行器发生碰撞。如果大块头的飞行器"一头扎进"地球，没有烧完的碎片砸到哪里都将是灾难。所以，我们要想办法安顿好它们。

◎ 退休的飞行器

我们可以发出指令，让退休的飞行器远离正常轨道，给后来者让路。 对于一些小的飞行器，我们可以发指令让它下落。在大气层的摩擦下，小飞行器就会被烧成灰烬，从而完成"太空葬礼"。对于大块头的飞行器，我们可以为它举行"海葬"：引导它降落在一片面积很大的深海无人区——南太平洋，这里被称为"航天器坟场"，适合航天器在这里"长眠"。

可是，一些飞行器"眼睛花了、耳朵聋了"，无法完成指令动作怎么办？**我们可以请"清洁工"来帮忙，比如我们正在设计的特殊航天器，其体外装有一个网状或机器触角状的特殊设备，可以帮助退休航天器回到地球的怀抱。** 另外，美国已经开始在国际空间站试验一种"激光扫帚"。"激光扫帚"锁定某个目标后，会发出一束激光，照射在飞行器背向地球的一端，使之部分升华为气体，利用气体的反作用力推动它朝地球的方向运动，帮助它走完这最后一程。

TIP 动动脑时间

请说出你知道的三个"退休"飞行器。

胖火箭的前世今生

中国新一代大型运载火箭长征五号在 2016 年 11 月首飞。长征五号有着庞大的身躯和强大的心脏，还有诸多江湖称号"大火箭""胖火箭""胖五"和"冰箭"，更是十年铸箭，万人铸箭。下面就请他自己讲讲他的前世今生吧。

✦ 我的身世 ✦

从中国航天事业起步到现在已经 60 多年了，我的大哥长征一号空间运载火箭正是中国航天事业的长子。在这些年，我们长征家族越来越壮大，能力越来越强劲，而且完全是中国科学家自己设计、制造、试验出来的。我们长征家族还走进了国际商业发射服务市场，帮助其他国家发射卫星。

随着世界航天事业如火如荼地发展，主要航天强国都"诞生"了新一代大型运载火箭，中国火箭运载能力方面与国外同类火箭相比还是有一定差异，为了满足国家重大航天工程任务的需求，研制中国新一代大型运载火箭已是迫在眉睫。

其实早在 20 世纪 80 年代，中国第一代运载火箭系列正在逐步形成和发展阶段，那时科学家们就已经开始酝酿和规划中国的新一代运载火箭。从 1986 年开始，在国家的支持下，先后开展了长达 20 年的新一代运载火箭方案论证工作，先后完成了新一代运载火箭论证、液氧/煤油与氢氧两种大推力火箭发动机关键技术研究、新一代运载火箭技术发展途径和总体初步方案研究、型号预先研究工作及工程研制立项准备、预发展阶段关键技术研究等一系列论证研究工作。配套的两型主动力发动机，即 120 吨级液氧/煤油发动机和 50 吨级氢氧发动机分别于 2000 年和 2001 年立项，开始了工程研制工作。

新一代运载火箭工程，也就是大家熟知的长征六号、长征七号和我，分别是新一代小型、中型和大型运载火箭。 在 2006 年，我率先由国家立项。我的"师傅们"——航天人历时 10 年，谱写了一曲新一代大型运载火箭研制的激昂篇章。我是新一代运载火箭中第一个立项研制的型号，按照系列化、组合化、模块化思想设计，采用 5 米直径箭体结构、无毒无污染的液氧 / 煤油和液氢 / 液氧推进系统、全新高可靠电气系统、以"新三垂"[①]为代表的全新测试发射模式，将使中国火箭的运载能力大幅提升，火箭整体性能和总体技术达到国际先进水平，为中国航天进入更大的舞台提供了坚实基础。

---

① 即垂直组装、垂直测试、垂直转运，采用"新三垂模式"，使火箭到达发射区后 2 至 3 天即可执行发射任务，比现役采用"三垂模式"的火箭射前准备阶段所用时间缩短了 3 天。

◎ 长征五号垂直转运

心宽体胖

如果我站立在地面，"身高"达到约 57 米，相当于 20 层楼那么高，芯级"腰围"直径达 5 米，助推器"腰围"直径达 3.35 米。这是目前中国火箭兄弟中直径最大的，而目前中国现役火箭箭体直径最大的只有 3.35 米，也就是我的大长腿比得上传统火箭的身子骨。在运载能力上，我的能力和国外现在主流大型运载火箭相当，具备近地轨道 25 吨，比现役火箭的运载能力提升了 2.5 倍，好比可以一次将 16 台小轿车送入太空，绝对算得上"大力士"的美誉。

千万不要小看我的芯级腰围从 3.35 米到 5 米的跨度，这是一个质的飞跃，不是一个简单的放大。从设计的能力、仿真的手段，加工制造一直到地面各种试验，都是一个飞跃。例如，我的"身体"结构制造，要加工制造 5 米的箭体结构，从基础的机械加工、贮箱的焊接、铆接所有的工装都是一个大的飞跃，有很多技术难题需要克服。

经过 15 年不懈攻关，我的"心脏"——8 台全新研制的 120 吨液氧煤油发动机被装配在我的 4 个助推器上，4 台全新研制的氢氧发动机在一级和二级火箭上各装配了 2 台。120 吨液氧煤油发动机的威力到底有多大？我的"师傅们"打了个形象的比喻，120 吨液氧煤油发动机产生的最高压强达 500 个大气压，相当于把上海黄浦江的水抽到 5000 米高度的青藏高原。

不同于目前使用化学燃料的常规火箭，在我身体中流淌的"血液"是采用无毒、无污染的液氢液氧作为推进剂。在我 800 多吨的身体里，90% 是 -252℃的液氢和 -183℃的液氧，这已经接近低温的极限，"冰箭"一名正源于此。

我从 2006 年国家正式批准立项研制孕育至 2016 年首秀，可谓十年磨一"箭"。据不完全统计，这十年中，有上万航天人参与了我的研制，进行的各类试验也不下千次。

◎ 中国空间站

我的使命

在未来中国探月工程三期"绕""落""回"的最后一步，从月球上采集月岩标本返回地球，这就需要强大的运载能力，我自然当仁不让。而空间站工程核心舱及实验舱，每个舱都是 20 吨级，自然只能靠我托举上天。还有中国二代导航二期工程、火星探测等国家重大工程任务都需要高性能、高可靠的运载工具，也只能由我来担当唯一男主角。

未来，我将是中国进入空间的擎天重器，让更有能力、更强大的航天器在太空中绽放光彩，让人类在太空中走得更远。

TIP 动动脑时间

胖火箭的腰围有多粗？

运载火箭回收的梦想

我叫猎鹰九号，是一枚运载火箭，由美国太空探索公司生产。我的梦想，是成为可以回收的火箭。有人说我异想天开：这好比把一根铅笔发射到美国帝国大厦，然后旋转返回，再在风暴中安稳着陆，太不切实际！那么我的"白日梦"能实现吗？

✦ 目标明确 ✦

我的祖先——火药与火箭来自中国。中国古代军事家将引火物附在弓箭头上，然后射到敌人身上引起焚烧。火药与火箭有时也作为庆祝节日的烟火。到了现代，我变成了飞行装置，作用可大啦！我能发射人造卫星、宇宙飞船，还可以装上弹头，摇身一变成为导弹。这都要归功于火箭发动机。它不断向后喷射物质，通过反作用力让我腾空而起。

◎ 猎鹰九号回收

作为一枚**多级运载火箭，**我由数级火箭组合而成。每一级都有发动机与燃料，以保证我高速地连续飞行。小朋友们一定在电视里看过卫星发射，当火箭飞着飞着，就可能会从尾部掉下来一截——那是燃料用完后自动脱落的其中一级。同时，上一级火箭发动机开始工作，以保持飞行器加速前进。我现在的目标，就是回收最先脱落的第一级火箭。

困难重重

小朋友们可能会问：为什么要回收火箭呢？

其实，回收的最终目的，是重复利用。传统火箭都是一次性使用，非常昂贵。**一旦回收成功，只要加以修复，重新加注燃料便有可能再次发射，从而大大降低发射成本。**

太空探索公司曾多次尝试完成我的梦想，可惜都以失败告终。有的是升空后发生了爆炸，有的是因为燃料不足，无法控制下落的火箭。总之，连战连败，让我有点儿灰心丧气。

为什么回收起来这么困难呢？因为控制火箭的电子系统太复杂了。电子系统是火箭的大脑，遍布箭体的各种传感器获取火箭飞行的各种参数，然后通过信息汇总、计算，及时调整飞行方案，这一过程类似大脑的思考和决策过程。任何一个环节出现问题，就会影响最后的结果。

梦想起航

经过多次失败后，太空探索公司开始闭门思过，认真检查每一个环节，并改进设计方案。2015 年 12 月 21 日，在万众瞩目下，我从美国佛罗里达州升空。大约 2 分 30 秒后，我的第一级火箭与第二级火箭"分道扬镳（biāo）"，并调头返回地面，最后在一片火光中稳稳地降落在距发射场不到 10 千米的地方。掌声、欢呼声瞬间爆发，我的目标实现了！

需要说明的是，这次成功回收火箭是在陆地平台完成的，还只是实现梦

想的第一步。相比之下，在海上回收火箭更为艰难。因为海面浮动平台面积小得多，且不断移动摇摆。这就对我提出了更高的要求：我的发动机既要推动火箭发射，又要用于回收时的减速反推。相当于让一个人既要获得世界举重冠军，又要能十分灵巧地使用绣花针。

前方虽然困难重重，但我相信会一步一步实现梦想！

今年美国当地时间 2 月 6 日，带着一辆红色特斯拉电动跑车，世界现役运载能力最大的运载火箭"猎鹰重型"从美国佛罗里达州升空。随后，两枚助推火箭同时着陆回收。但芯级火箭由于减速发动机没点燃而沉入了大西洋，回收失败，但该火箭芯原已无法重复利用，对发射任务无较大影响。

TIP 动动脑时间

为什么要回收火箭？

◎ 猎鹰九号弹道

航天曲折前进路

亲爱的小读者，你从电视里看过火箭吐着长长的火舌冲天吧？你也看过航天员在太空里悠闲漫步吧？在这些让人振奋的场面背后，其实有一条曲折的道路。世界航天发展并不是一帆风顺的，人类为探索太空付出了沉重的代价。我们来看看苏联、美国和中国三个航天大国的故事。

✥ 苏联：小数点的代价 ✥

苏联是第一个将航天员送入太空的国家，但因小数点的问题付出了血的代价。

1967年4月23日，苏联第一艘载人的联盟号飞船顺利发射，但飞船返回时高速撞向地面，航天员科马洛夫丧生。为什么会这样？原来，人们在地

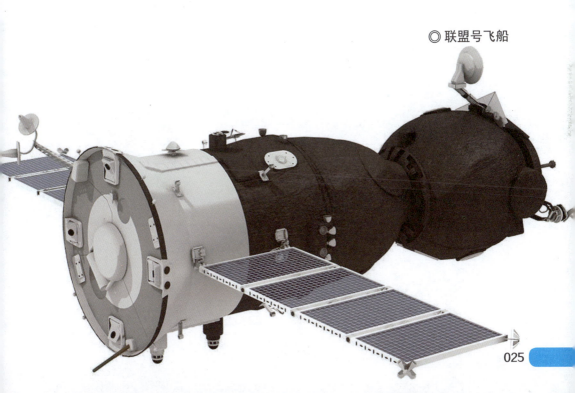

◎ 联盟号飞船

面检查的时候忽略了一个小数点，数据不准确，导致飞船在进入飞行轨道后出现了一系列故障——右侧太阳能电池帆板展不开，无线电短波发射器无法使用，飞船失控。当飞船返回到比珠穆朗玛峰略低一些时，降落伞主伞、备用伞缠绕在一起无法打开，最终导致飞船以每秒百米的速度坠毁，航天员科马洛夫壮烈牺牲。

✦ 中国：小元件引发大火箭失控 ✦

中国在国际航天史上一直保持着骄人的成绩，但也发生过一次重大事故，那就是接近地面的爆炸。

为了完成国际发射任务，中国航天部从 1994 年开始研制长征三号乙型运载火箭。1996 年 2 月 15 日，长征三号乙首飞发射国际通信卫星。它由于不经过试飞就直接发射国外卫星，因而备受瞩目。然而，在点火起飞后，由于一个电子元器件的失效，最终导致满载燃料的火箭坠毁爆炸。爆炸的地点

◎ 飞行中的美国航天飞机

正好在航天工程技术人员的宿舍附近，强烈的气浪瞬间冲垮了钢筋水泥的建筑，造成了部分人员伤亡，一位专为火箭设计飞行弹道的高级工程师也当场牺牲。

⊛ 美国：一个泡沫碎块导致的爆炸 ⊛

2003 年 2 月 1 日，美国"哥伦比亚"号航天飞机重返大气层时与地面失去联系，不久后被发现在天空中爆炸解体，机上七名航天员全部遇难。

事后调查发现，由于航天飞机老化严重，发射时燃料箱外脱落的一个泡沫碎块将航天飞机隔热瓦撞出了裂缝。虽然有航天工程师提出警告，但未受到重视。正是这个裂缝，导致超高温空气在航天飞机返航时，进入隔热瓦下部四处乱窜，最终造成航天飞机在返航途中解体坠毁。

探索太空虽然代价沉重，但人类从来没有停止脚步。联盟号飞船积累了几十年的经验，已成为最成熟的载人航天器，是目前除了中国神舟飞船外，唯一可以作为人类天地往返交通工具的飞船；截至 2018 年 3 月 31 日，中国长征系列运载火箭已进行 270 次发射，为中国航天事业走出了一条独立自主的发展道路；同样，美国在"哥伦比亚"号失事后提出了 30 项改进建议，包括航天员培训、飞行操作、航天器设计改进等，让航天事业走得更稳，更安全。

在我们航天探索的过程中，那些灾难性事件堆积成了我们的垫脚石，让我们站得更高，离天空更近。

动动脑时间

航天曲折前进路告诉我们什么道理？

◎ 美国航天飞机发射

卫星坠落下来的几率有多大

火爆一时的《极限特工3》电影讲述了全球卫星网络被幕后黑手控制，扬言要定时让每颗卫星坠落到地球，直到达成其罪恶目的为止。迫于无奈，美国政府请回了身怀绝技的桑德·凯奇（范·迪塞尔主演），由他带领一组特工小分队执行夺回控制设备"潘多拉魔盒"的任务。看过电影的人会纳闷，太空中的卫星能说坠落就坠落吗？"潘多拉盒子"真的能被造出来吗？什么情况下卫星可能会坠落？卫星坠落有可能造成什么危害？

✦ 卫星发射与运营 ✦

当完成一系列测试准备工作后，运载火箭将人造地球卫星从地球表面发射进入太空。火箭完成空间运输使命后与卫星分离。卫星入轨点的轨道速度就叫"入轨速度"。入轨点的位置确定后，入轨速度的大小和方向就决定了卫星的轨道形状。卫星轨道是卫星绕地球运行的轨道，它呈一条封闭的曲线。这条封闭曲线形成的平面叫卫星的轨道平面，轨道平面总是通过地心的。卫星的轨道虽然不外乎圆形和椭圆形两种，但方向和形态却是千差万别，究竟采用哪种形状的轨道，则是由卫星的功能和用途决定的。

卫星在天上的飞行状态是由卫星的地面测量控制系统来管理。卫星的地面测量和控制是一件非常重要、非常精细和非常复杂的工作。

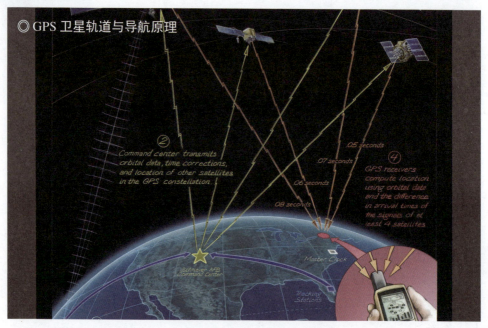

◎ GPS 卫星轨道与导航原理

卫星的地面测控系统由测控中心和分布在各地的测控台、站（测量船和飞机）进行。在卫星与火箭分离的一刹那，测控中心要根据各台站实时测得的遥测数据，解算出卫星的空间位置、速度和姿态参数，判断卫星是否入轨。入轨后，测控中心要立即算出其初始轨道根数，并根据各测控台站发来的遥测数据，判断卫星上各种仪器工作是否正常，以便采取对策。这些工作必须在几分钟内完成。

卫星进入第二圈飞行时，负责跟踪的测控台站要立即捕获目标并进行精确测量。测控中心利用这些数据，计算出精确的轨道根数。

卫星在整个工作过程中，测控中心和各测控台站还有许多繁重的工作要做。其一是不断地对其速度姿态参数进行跟踪测量，不断地精化其轨道根数；其二是对卫星上仪器的工作状态进行测量、分析和处理；其三是接收卫星发回的科学探测数据；其四是由于受大气阻力、地球形状和日月等天体的影响，卫星轨道会发生摄动而逐渐偏离设计的轨道，因此要不断地对卫星实施轨道修正和管理。

对于返回式卫星，在返回的前一圈，测控中心必须计算出下一圈是否符合返回条件。如果符合，还必须精确地计算出落地的时间及落点的经纬度。这些计算难度很大，精度要求很高，因为失之毫厘，将差之千里。返回决定作出后，测控中心应立即作出返回控制方案，包括向卫星发送各种控制指令的时间、条件等等。卫星进入返回圈后，测控中心命令有关测控台站发送调整姿态、反推火箭点火、抛掉仪器舱等一系列遥控指令。在返回的过程中，各测控台站仍需对其进行跟踪测量，并将数据送至测控中心。

由此可见，为使卫星在太空中正常地工作，必须有一个庞大的地面测控系统夜以继日地紧张工作。卫星测控中心是这个系统的核心。计算大厅是测控中心的主要建筑之一，那里聚集着众多的大型计算机。除了看得见的硬件外，还有许多看不见的软件——对卫星进行管理的软件系统，包括管理软件、信息收发软件、数据处理软件、轨道计算软件、遥测遥控程序和模拟软件等。这些硬件和软件，既有计算功能，又有控制功能，它们是测控系统的"大脑"。

测控中心还有它的"神经网络"，即通信系统，它通过大量的载波电路、专向无线电线路、各向都开通的高速率数据传输设备，把火箭发射场、回收

◎ 航天飞机在轨道上与国际空间站对接

场以及各测控台站等四面八方联系起来。

"寿终正寝"的卫星

世界各国迄今累计发射了超过数千颗卫星。一颗卫星如果在"寿终正寝"后仍沿轨道飞行，就存在和新卫星相撞的危险，属于太空垃圾。因此，国际条约规定，轨道高度在2000千米以下的卫星须在结束使命25年内落地销毁。卫星结束使命前会收到让其降低高度的命令，最终坠向地球。当然，因故障失控而只好等着自然坠落的卫星也不在少数。

从20世纪70年代到80年代，每年约有200枚火箭和卫星坠落，最近每年也有50枚左右。其中大部分在大气层燃为灰烬，每年只有数枚卫星的零部件落到地面。

一般来说，卫星零部件残骸砸中人的概率是极低的，砸中某个特定人员的概率是几十万亿分之一，远远低于在交通事故的概率。卫星有一项标准，即在坠向地球时砸中地面人员的概率要降至万分之一以下。

卫星一边绕地飞行，一边在稀薄边缘大气层摩擦作用下逐步降低轨道高度。当卫星在扎进高度130千米附近的高密度大气层后，由于空气阻力增加、高度骤降，就会在摩擦作用下开始自燃。由于大气的状态受太阳活动等因素影响瞬息万变，因此很难预测卫星的高度何时开始骤降。如果是通信中断且失控的卫星，还存在难以掌握正确高度的问题。

消除卫星坠地的方法

目前有5种可行的控制卫星坠地威胁的方法：一是把退役卫星转移至不妨碍其他航天器运行的轨道；二是将退役卫星引导坠入指定海域；三是体积较小的卫星可以任其自由坠落，在大气层中完全烧毁；四是当卫星坠至距地球很近的太空轨道时，用反卫星武器将其炸成碎片。这种方法通常只对涉密卫星使用，因为如果实施得不好，卫星碎片向上飞，会产生更多的太空垃圾；

◎ 航天器再入大气层

五是使用航天飞机等大型载人航天器捕捉退役航天器，带回地面。但由于美国航天飞机退役，目前这种方法已经无法实施。

TIP 动动脑时间

你知道卫星坠落下来的几率有多大吗？

生活在太空

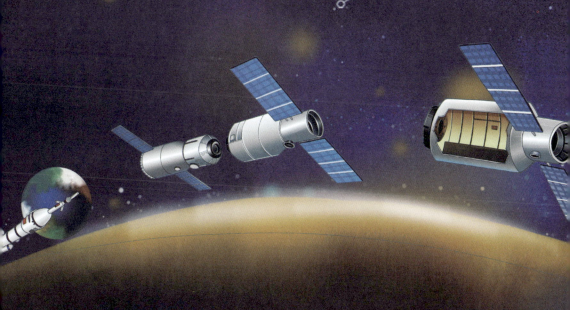

为什么要穿航天服

　　回答你的问题，要站在航天的角度去考虑。咱们在地球上生活，有地球大气层的保护，可是航天员们离开地球进入太空，那可是个环境极度恶劣的地方。那里不仅有可怕的高真空、缺氧、极端的温度和宇宙辐射，还有来自陨星、微流星体和空间碎片的袭击，这些都有可能危害航天员的健康和安全！

　　如果没有特殊的保护，太空的寒冷瞬间可冻结皮肤、太阳的炎热可引起严重的烧伤、失去大气层血液就会沸腾、缺氧人就不能呼吸，这样很快就会死亡。

　　不过别担心，航天员们有绝招，那就是航天服，有了这件法宝，就可以保护他们安心地在太空活动。

　　航天服是保障航天员的生命活动和工作能力的个人密闭装备。可防护空间的真空、高低温、太阳辐射和微流星等环境因素对人体的危害。在真空环境中，人体血液中含有的氮气会变成气体，使体积膨胀。如果人不穿加压气密的航天服，就会因体内外的压差悬殊而发生生命危险。航天服是在飞行员密闭服的基础上发展起来的多功能服装。早期的航天服只能供航天员在飞船座舱内使用，后来研制出舱外用的航天服。

　　现在，假设你就是飞船上的航天员，马上就要走出飞船到太空中工作，让我们来看看航天服怎样帮助你呢？

　　首先，你要戴上可以向航天控制中心发回医学信息的设备。当你在太空

◎ 美国宇航员模拟在其他星球上行走

中工作时，医师要观察你的身体状况。你要在飞船外工作几小时，戴上尿液收集器是很必要的。同时，你还得穿上液体冷却与通风服，在轨道上温度可高达 120℃，而这件衣服上布满了细管，水流过细管可以给你降温，就可以抵御太阳的高温高热。你还要带上饮用水，水瓶就在你胸前，一根细管伸到嘴边，这样在太空逗留时，就可以喝水了。再戴上一顶帽子，帽子装上了几件带有耳麦的通讯设备，你就可以与其他航天员或地面飞行控制中心通话。航天服的上半部还装有应急氧气系统保证你的呼吸，气压系统保护你的身体形态。有了航天服，你就可以在危险的太空环境中舒服地飞来飞去，完成要做的工作，然后再安全地返回飞船了。

　　你看，从这些角度来说，航天服是不是既科学又帅气呢！

◎ 中国第一太空人杨利伟在返回舱

TIP　动动脑时间
航天服为航天员提供了哪些生命必需条件？

源自巴斯光年原型的
航天服

当你将阿波罗 11 号月球漫游者巴兹·奥尔德林穿的航天服和迪士尼公司与皮克斯动画工作室共同合作的玩具总动员中主角巴斯光年穿的航天服相比较，你会发现什么呢？那就是美国宇航局的 Z-1 航天服。下面奇航博士带你去详细看一下这种新型的航天服。

美国航天局最新的航天服计划在 10 年内完成设计、制成和测试。Z-1 的特点是柔韧的面料，一个从后面进入航天服的开口。即使不是故意的，与迪士尼创建的太空漫游者巴斯光年有着不止一处相似的地方。

⊕ 第一代科幻航天服：Z-1 ⊕

Z-1，《时代周刊》曾列为年度最好的新发明，这是美国宇航局为航天员在深入太空执行任务而设计的航天服，这些太空任务比如在探索一个新的小行星或者在火星表面行走。Z-1 的测试最近在美国宇航局位于休斯敦的约翰逊太空中心完成，这里第一代航天服得到的经验会在 Z-2 设计中用到。

"截至 2014 年到 2015 年的目标是拥有兼容真空的探索类型的航天服。"凯特·米切尔，一个航天服工程师，在约翰逊航天中心的采访中说道。"Z-1 被发展成为测试各种不同的技术和移动关节，从而我们能进一步定义我们的航天服未来的结构。"

从 Z-1 到 Z-2 新的进步概念之一是衣服入口。衣服入口使得穿航天服的航天员与航天员的后面或者受压的模型联系起来，而航天探测车也是由美国

宇航局约翰逊中心开发的。

"较大差异之一是从后面进入的设计方案。"罗斯在一次美国宇航局的视频采访中说道，"航天飞机的航天服在腰部分开，就是裤子和上身是分开穿的，它们在中间连接起来。对于 Z-1，从后面爬入，接着我们只需要关上门。"

当航天员开始新的深入太空旅程时使用，下一代航天服会结合大量先进技术来缩短穿着航天服准备时间，提高安全性和增加航天员在太空行走的能力。

◎ Z-4 航天服

设计一款从后面进入的航天服解决了太空行走者在空间站经常遇到的几个问题，使用气锁来缓慢减压。在大部分情况下，经历着紧急情况的航天员都希望能够尽快回到空间站气锁，以便从气锁返回空间站内部。通过利用服装入口，航天员不会再用气锁。新的航天服将挂载在航天器外面，通过航天服背面航天员可以方便地爬进爬出。

"我们认为这样减小了受伤的可能性。"罗斯说道，"尤其肩膀受伤，经常发生在航天飞机时期的航天服。"

由于航天服不再需要进入航天器或者星球漫游车，它也能帮助清除车辆的灰尘和污垢。在 40 多年前阿波罗登陆月球期间，月球行走者不得不小心翼翼地行走防止月球灰尘进入，因为这可能变成航天器系统和他们健康的灾难。

然而航天器入口的确增加了新航天服的重量。航天飞机航天服的重量在 100 磅左右（45 千克），但是 Z-1 大约重 158 磅（72 千克）。在火星上，重

力加速度是地球的 1/3，增加的重量会有巨大的差别。

✦ 艺术模拟类似艺术的生活 ✦

白色和荧光绿色的 Z-1 拥有像巴斯光年的迪士尼粉丝，这是因为美国宇航局月球服最初激发了太空漫游者的样子。

"他的设计很大一部分是基于阿波罗号航天员看起来的样子"约翰·拉斯特，创建巴斯光年的动画师并且也是皮克斯迪士尼动画工作室的首席创作官，在 2008 年一次采访中说道，"他们有他们明显的头盔、小的无边便帽、通讯设备和白色衣服。"

"因此我们开始研发'玩具总动员'，他的设计很多来自那些家伙们，这就是为什么他主要是白色并且他那么大、有清晰的头盔和有一个无边的便帽，他很大程度上是基于美国宇航局航天员的真实模型。"拉塞特说道。

巴斯光年与美国宇航局的联系并没有就此结束。另外借用了阿波罗 11 号月球漫步者巴兹·奥尔德林的名字，一个 12 英寸（合 30 厘米）的动画玩具历时 15 个月飞向了国际空间站：从 2008 年 5 月到 2009 年 8 月。这是作为美国宇航局与迪斯尼深远合作的一部分。

TIP 动动脑时间

新的航天服有哪些特点？

航天员 "找回生活"

你也许不知道，当航天员返回地球时，身体平衡可能会出现问题，站立、走路或开车等简单的动作也做不好。前不久，美国航天员凯利在太空待了340天之后，返回了地球。他说："适应太空比适应地球容易。"让我们看看凯利身体有了什么变化，回来后需要适应哪些事儿？

皮肤变敏感

◎特殊宇航员汉姆

在太空中，凯利飘来飘去，双腿不怎么用力就可以走路。为了防止肌肉退化，他经常锻炼身体，但还是不够多。当他回到地面后，走不远就感觉到全身酸痛。并且，他的皮肤变得十分敏感，接触物体时有种灼烧感；他能够感受到嘴唇和舌头的重量，因此需要改变说话的方式；还有，他能感受到眼睛、肌肉和关节等部位的疼痛，需要慢慢去调节。

嗅觉、味觉变迟钝

航天员在太空进餐时，吃饭喝水都需要"文质彬彬"，动作稍大就可能弄得残渣、水滴和餐具到处乱飘。这不仅污染环境，甚至可能影响呼吸，或者造成设备故障。因此，他们吃墨西哥薄馅饼而不是面包，因为墨西哥薄馅饼不容易产生碎屑。长期下来，嗅觉和味觉就会变得迟钝。回到地面后，凯利终于不用再从塑料袋中取食物吃，而是可以大快朵颐，尽情地享受美味，以此来找回正常的嗅觉和味觉。

扔东西失准头

航天员从太空返回地球后，习惯性地以为物体会飘浮，所以经常把东西丢在地上。凯利倒是没有摔过什么，但他把东西扔向桌子时会失去准头。而且，他的投篮技术本来就不太好，从太空回来后变得更糟糕了。看来，凯利还需要一段时间的适应，不知道会不会打碎几个杯子呢。

身体长高了

凯利有一个双胞胎哥哥叫马克，比自己早6分钟出生。两人上同一所高中，上的大学都是海军学院，并且一起穿上了橙色的宇航服。兄弟俩一共执行了8次太空任务，但他们从未同时上天。

凯利原先和哥哥一样高，但刚返回地球时，他比之前高了约5厘米。"长高"是由于脊柱在失重状态下被拉抻，但这只是暂时的现象。凯利说，地球重力会将他打回原形，过一阵子他会"缩水"，变成和哥哥一样高。

2018年1月31日，美国宇航局在对比凯利的哥哥马克后发布的新闻稿写道："研究者现在知道凯利93%的基因在返回地球后恢复了正常。然而，剩下的7%可能导致与免疫系统、DNA修复、骨骼形成网络、低氧以及高碳血酸症相关基因的长期变化。"

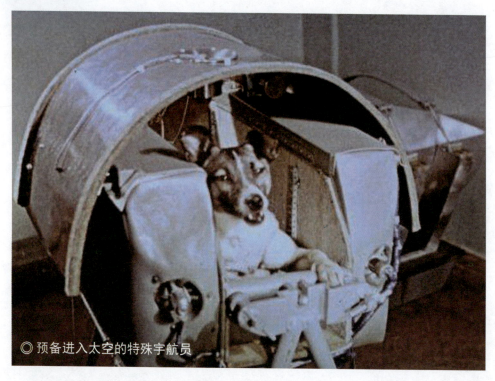
◎ 预备进入太空的特殊宇航员

　　凯利在天上执行任务之前就说过："再见了，床，我会想念你如丝般的光滑。"因为在太空站中，他在睡袋里睡觉，还需要把睡袋绑起来，防止飘浮撞到其他物体。由于失重，他经常在半夜醒来不知道是向上还是向下。现在，凯利终于感受到了毯子的重量，可以陷在被窝里睡个好觉了。

TIP　动动脑时间
　　航天员长时间飞行后返回地球，身体都有哪些变化？

太空授课中的实验

2013 年 6 月 20 日上午 10 ：04 至 10 ：55，在指令长聂海胜和摄影师张晓光的协助下，中国首位"太空教师"王亚平通过质量测量、单摆运动、陀螺运动、水膜和水球等 5 个实验，展示了微重力环境下物体运动特性、液体表面张力特性等物理现象，并回答了学生们关于航天器用水、太空垃圾防护、失重对抗和太空景色等问题。那么，这 5 个实验具体是怎样的？它们分别反映了什么样的物理原理？天地物理特性的差别给航天飞行带来怎样的影响？在航天活动和日常生活中又有哪些应用？奇航博士作为中国首次太空授课中央电视台地面课堂的实验教师，带领我们来一一解读。

◎ 钱航博士首次太空授课中央电视台地面课堂

⊕ 实验一：太空测质量 ⊕

天宫一号里的"质量测量仪"直接运用牛顿第二定律。王亚平介绍，太空测重仪通过"弹簧—凸轮"机构产生恒定力，把聂海胜拉回到初始位置，就测得聂海胜撞向一个平面时的速度 v，仪器又记录下了时间 t，因此根据 $v = at$ 计算出加速度 a，再根据已知的弹簧回复力 F，根据牛顿第二定律公式 $F = ma$，算出聂海胜的质量 74 千克。

地面上我们有很多称重的工具：电子秤、弹簧秤、杆秤和天平等。如果我们将这些称重工具都放入赤道使用的话，我们发现电子秤和弹簧秤的读数稍微减小，而杆秤和天平的读数不变。再极端一些，如果我们将这些测量工具带到月球上去使用的话，会发现：电子秤和弹簧秤的读数大约只有现在的 1/6，而杆秤和天平的读数仍然不变。那么，我们对质量、重力和重量的概念就很清楚了：杆秤和天平测量物体的质量，质量表示的是物体所含物质的量的多少，是物体的本质属性；电子秤和弹簧秤测量的是物体的重量，重量是物体所受万有引力的量的量度，也就是重力的大小。

在地球上对牛顿第二定律直观的感受就是，物体越重，我们推动它就越费劲，而这个性质即使到了天上也不会改变，所以在太空，无论是航天员还是航天器的质量都是通过这个原理来测量的。

DIY 时刻：请找出家里的承重器具，尝试对一些物体进行测量。

⊕ 实验二：太空单摆实验 ⊕

平时物理课上很常见的实验装置单摆，也出现在了这次太空授课中。T 形支架上，用细绳拴着一颗明黄色的小钢球。王亚平把小球轻轻拉升到一定位置放手，小球并没有出现地面上常见的往复摆动，而是停在了半空中。之后，王亚平又用手指沿切线方向轻推小球，奇妙的现象出现了，小球开始绕着 T 形支架的轴心做圆周运动。

在地面对比实验中，小球因重力作用下坠，在细绳的拉动下，会做起简谐运动。再给它一个比较大的外力，使小球获得一个较大的初速度，它也会开始圆周运动。但同时，在重力作用下，小球不停地改变运动状态，所以不能像在太空中那样不停地转圈，会很快地停了下来。

而在太空失重条件下，将单摆拉开一个角度，由于没有重力的作用，小球不会像在地面一样发生往复摆动。而给小球一个初速度，失去了重力的小球不是摆动，而是沿切线方向做圆周运动。这个实验告诉我们，由于太空环境的特殊性，很多地面上司空见惯的现象在太空却不会发生，比如我们常见的摆钟在太空中就不能使用。

DIY 时刻：自己动手做一个单摆，然后观察单摆的运动规律。

实验三：陀螺实验

王亚平把静止的陀螺悬浮在空中，给它一个干扰力，这时陀螺开始做翻滚运动，轴向发生了很大的变化；但把陀螺先旋转起来，再给它一个干扰力时，陀螺不做翻滚运动了，而是晃动着向前运动。

这实际上是因为高速旋转的陀螺具有很好的定轴性，这一定轴特性在天上地上是完全一样的。太空环境中，静止的陀螺的轴是不固定的，加之没有重力，会翻滚着运动；而一旦旋转运动后，由于是围绕轴运动，即使有干扰力，陀螺仍会稳定旋转。

转动陀螺的定轴性在航空航天领域有非常广的应用，飞机、导弹、火箭和卫星等都大量应用陀螺来测量姿态。很多自旋卫星本身就是利用了这个定轴性。打枪也运用了陀螺的定轴性原理，枪支中的膛线使子弹头产生快速旋转，也就是说使子弹头在飞行中绕自己的轴线快速旋转。因为旋转的物体不容易改变旋转轴线的方向，所以子弹出枪口后在飞行过程中不会翻跟头。如

果不是因为旋转子弹头的定轴性，射击中的子弹就会偏离旋转轴线的方向，很容易伤及其周围的人。

　　DIY 时刻：找出小时候玩过的陀螺，重新转起来，看看陀螺是不是具有定轴性。

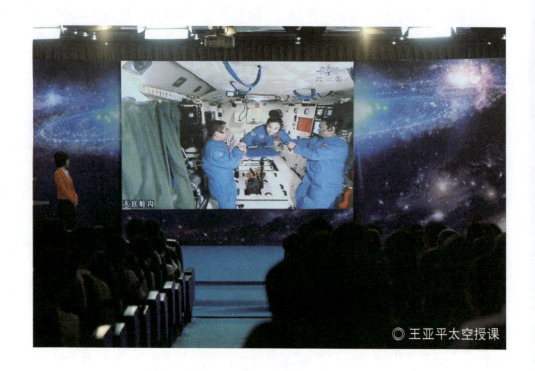

◎ 王亚平太空授课

✦ 实验四：水膜实验 ✦

　　王亚平拿起一个航天员饮用水袋，打开止水夹，水并没有倾泻而出。轻挤水袋，在饮水管端口形成了一颗晶莹剔透的水珠，略微抖动水袋，水珠因为失重便悬浮在半空中。接着，她把一个金属圈插入装满饮用水的自封袋中，慢慢抽出金属圈，便形成了一个漂亮的水膜。轻轻晃动金属圈，水膜也不会破裂，只是偶尔会甩出几颗小水滴。随后，王亚平又往水膜表面贴上了一片画有中国结图案的塑料片，水膜依然完好。

这两个实验均展示了液体表面张力的作用。受到内部分子的吸引，液体表面分子有被拉入内部的趋势，导致表面就像一张绷紧的橡皮膜，这种促使液体表面收缩的绷紧的力，就是表面张力，在太空失重状态下，水的表面张力会变大。太空对我们制造业也将是一个非常有利的环境，我们就可以制作出一个不受重力影响的标准金属球。更甚者，如果内空心金属球就只能在太空中制作了。

DIY 时刻：在地面上做一个水膜。

⊕　实验五：太空水球　⊕

王亚平接着做了第二个水膜，用饮水袋慢慢往水膜上注水，水膜很快变成一个亮晶晶的大水球。这是因为在太空失重环境中没有外力影响，水只有表面张力，在表面张力作用下水会形成一个表面积最小的形状，也就是标准球形。而在地球上，由于重力作用，水滴下来只能形成液滴状，或者我们清晨看到的绿叶上扁球形的露珠。她再向水球内注入空气，水球内形成两个球形气泡，这也是水表面张力使气泡既没有被挤出水球，也没有融合到一起。

王亚平又用注射器把少许红色液体注入水球，红色液体慢慢扩散开来，晶莹透亮的水球变成了红色水球，令人啧啧称奇。因为没有重力，染料就没有固定去向，因而很快向四面八方均匀扩散。在太空实验中进行材料融合实验，得到的合成材料的分子、原子分布均匀度高于在地球上的情形。这样的太空材料技术今后是否能得到广泛应用，从而为人类制造出更多高品质的合成材料，是非常有趣而有悬念的。

DIY 时刻：在地面上做一个水球。

中国第一次太空授课圆满结束，很多在地球上难以完成的实验，在太空却得到了完美呈现，这不仅是场视觉盛宴，更是智慧与文明的传递，或许也让越来越多的人对太空更加神往！

◎ 太空授课直播

TIP 动动脑时间

你还记得中国首次太空授课都有哪些实验吗？

天宫一号，难说再见

亲爱的小读者，我是"天宫一号"空间实验室，今年4月2日8时15分左右，我从太空中坠毁，像流星一样划过天空消失在蓝天之中。现在，我想和你分享一下我的故事。

奔赴太空

我还记得七年（2011年9月29日21时）前，即将奔赴太空时的紧张和激动。

"三，二，一，点火！起飞！"，长征二号FT1运载火箭一边发出轰隆隆的巨响，一边将我托举升空。不到十分钟，我就顺利进入了太空预定的环绕地球飞行轨道。当时，科学家设计我在轨寿命为两年。

根据国家载人航天工程安排，到2022年左右，将在太空中建造中国人自己的空间站。而我，实际上就是一个空间实验室的雏形，主要工作是完成和飞船的交会对接，为航天员们在天上提供一个舒适的家。

我算是一个"小胖子"吧，身体为短粗的圆柱形，前后各有一个对接口。简单说，我的身体由两部分组成，分别为实验舱和资源舱。实验舱是航天员工作、训练及生活的地方。航天员们为了保持骨骼强健，每天要在这里锻炼身体。资源舱主要提供动力和能源。2013年6月，女航天员王亚平就在这里，为全国的中小学生展开了太空授课，讲解了陀螺实验。事实上，在资源舱里还藏着6个陀螺呢，它们的学名叫"控制力矩陀螺"，可以精确地控制我的空中姿态。

你知道我身体里数量最多的设备是什么吗？是**手脚限位器**，有30多个呢。它们分布在不同的区域，是保证航天员在失重飘移状态下，便于手脚用力的法宝。还记得吗？王亚平老师在太空授课时，一直稳稳地站在那里，并

不像以往的航天员那样，在飞船里飘来飘去，这就是手脚限位器的功劳。

⊕ 完成使命 ⊕

自 2011 年 9 月 29 日开启"太空之旅"后，我在天上迎来了一批批神舟飞船小伙伴和可爱的航天员。

我分别与神舟八号、神舟九号和神舟十号交会对接过。交会对接是个难度极高、充满危险的过程。想象一下，在茫茫太空中，两个七八吨重的飞行器，开始以比子弹还快数倍的相对速度飞行，到轨道交会，最后要完成无缝对接，

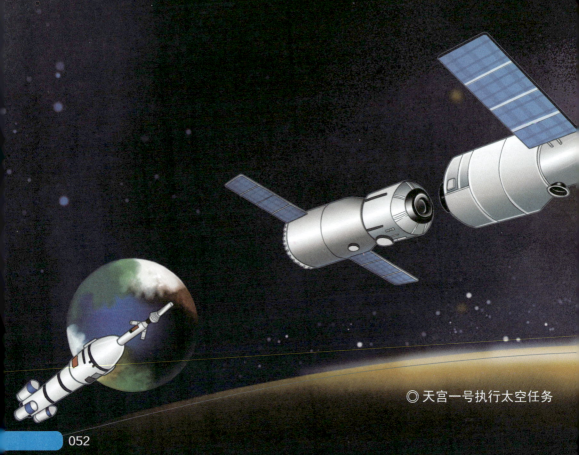

◎ 天宫一号执行太空任务

为未来空间站的建设运营，以及载人航天成果的应用推广，积累了宝贵经验。

虽然我想继续为人类服务，但是"耳朵"和"眼睛"都已经不太听使唤了。在 2018 年最初的几个月里，我逐步降低轨道高度，并最终于 4 月 2 日 8 时 15 分左右在大气层中烧毁。

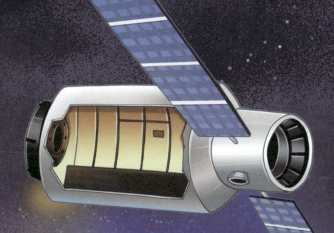

TIP **动动脑时间**

你知道现在天宫一号怎么样了吗？

天宫二号，太空新家

亲爱的小读者，我是"天宫二号"空间实验室，我已经接替从太空光荣完成使命的大哥"天宫一号"，在太空长期站岗值班。想知道我与大哥有什么不同，带了什么神秘利器到太空吗？下面我一一讲给你听。

我的身世

我和大哥"天宫二号"其实是双胞胎，属于他的备份和替补。大哥完成任务很理想，甚至超额完成了任务，科学家们就根据新任务的需要对我进行了改装。"身高""体重"和"外形"与大哥基本一致，所以就像大多数双胞胎一样难以分辨彼此。不同的是在我身上配置了各种神秘利器，比如将携带国际首个专用的高灵敏度伽马射线暴偏振测量仪①。这项是中国和瑞士合作开展的空间天文计划组成部分。

我相较大哥，身体内部装载了全新配套的空间应用系统载荷设备，无论配套设备数量还是安装复杂度均创造了历次载人航天器任务之最。对我较大的改进是装备更豪华、装载量提高、内部环境更好。值得一提的是，航天设计师在"孕育"我时的系统设计是模块化的，就像你小时候玩的积木一样，也就是说**我身上出现问题时可以快速更换和在轨维修，这在国内空间领域属于首创**。更加激动人心的是，我还具有"手臂"，是一个机械臂，将可以帮助航天员开展舱外搬运和维修。虽然这种机械臂目前在国际空间站上已经使用，但在中国航天领域仍处于试验阶段。

未来五年内，中国最终要建设的基本型空间站，也就是我在太空中的

---

① 伽马射线与我们所熟悉的可见光一样，也是电磁波的一种。电磁波按波长（即相邻两个波峰的距离）从长到短，可分为无线电波、微波、红外线、可见光、紫外线、X射线和伽马射线等。当两个黑洞或者中子星最后并合在一起的时候，也会产生强烈的伽马射线的爆发，这种爆发的能量通常比我们一般所知道的超新星爆发它的总能量要高成千上万倍，也被称为是宇宙大爆炸之后最剧烈的天体的爆发现象。

大家族。整体的规模不会超过国际空间站。**基本型空间站大致包括一个核心舱、一架货运飞船、一架载人飞船和两个用于实验等功能的其他舱，总重量在 100 吨以下。**其中的核心舱需长期有人驻守，能与各种实验舱、载人飞船和货运飞船对接。具备 20 吨以上运载能力的火箭（长征五号），才有能力发射核心舱。

我的使命

大哥天宫一号是空间实验室的特例，主要为了完成两个空间飞行器在太空中交会对接技术实现的任务，而我则完全是小型空间实验室，科学家、航天员们将在我的身体里展开各种工作和试验。我将解决一定规模、短期有人照料的空间应用问题，航天员在我身体里生活的时间将比在神舟九号、神舟十号乘员生活的时间更长。

将来随着空间实验室体积的增大、可靠性的提高，将逐步发展成为空间站的核心舱或者实验舱，增加太空实验的项目和种类，为建成空间站奠定基础。

需要说明的是，我将成为中国最忙碌的空间实验室，各类计划的实验项目达到了史无前例的 14 项，涉及微重力基础物理、空间材料科学、空间生命科学等多个领域，其中两项有驻留 30 天的航天员直接参与操作，一项为国际合作。这些项目中，大多是当前世界最前沿的探索领域。

比如，我搭载了全球第一台冷原子钟进入太空，并进行相关实验。利用太空微重力条件，这台冷原子钟的稳定度几亿年都不会误差一秒，能大幅提高如北斗卫星定位系统的导航精度。

比如，我还会试验从太空分发量子密钥[①]。密钥分发是实现"无条件"安全的量子通信的关键步骤。量子是微观物理世界里不可分割的基本个体。由于作为信息载体的单光子具有不可分割、量子状态不可克隆等特性，密钥

[①] 即量子密码术，用我们当前的物理学知识来开发不能被破获的密码系统。如果不了解发送者所使用的密钥，接受者几乎无法破解并得到内容。

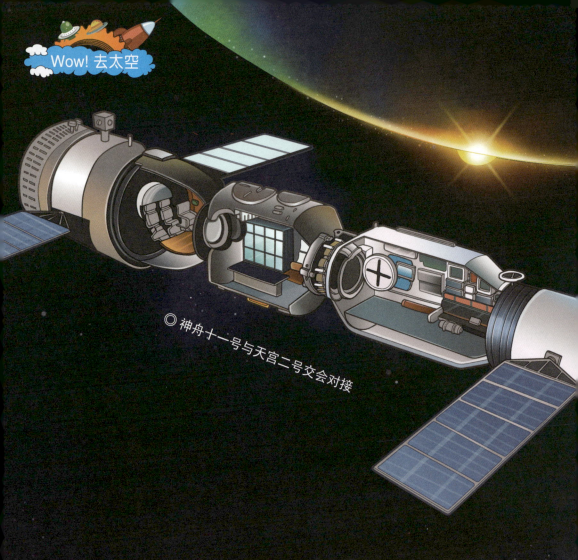

◎神舟十一号与天宫二号交会对接

分发可以抵御任何形式的窃听，进而保证用其加密的内容不可破译。从原理上来说，这种通信方式就是无条件安全的。

全长2000多千米的"京沪干线"大尺度光纤量子通信骨干网已经建成；全球首颗量子科学实验卫星也已经发射。一个天地一体化的量子通信网络的雏形正在形成。在这个过程中，我将扮演量子卫星中转的角色，实验远距离量子通信，让信息在地面城市与太空构筑的范围内实现"无条件"的安全传输。

我的伙伴

在太空时，我的伙伴会不断造访我，一个是你们非常熟悉的神舟载人飞船，另一个是已经首飞的天舟货运飞船。我在轨运行期间，由载人飞船提供乘员运输，由货运飞船提供补给支持。

天舟货运飞船是载人空间站工程的重要组成部分，在充分继承天宫一号目标飞行器和载人飞船技术的基础上研制，主要任务是为载人空间站运输货物和补加推进剂，并将空间站废弃物带回大气层烧毁。

天舟货运飞船的身体由大直径的货物舱和小直径的推进舱组成。货物舱相当于天舟的"肚子"，用于装载货物，而推进舱为整个飞船提供动力与电力。推进舱两侧各有一翼太阳能帆板三板，就像天舟的翅膀一样。

TIP 动动脑时间

天宫二号和天宫一号有哪些方面不同？

神舟十一号

神舟十一号飞船于 2016 年 10 月 17 日在酒泉卫星发射中心由"神箭"长征二号 F 遥十一运载火箭搭载两名男性航天员发射升空，与 2016 年 9 月 15 日中秋之夜发射成功的天宫二号空间实验室进行交会对接，形成组合体飞行 30 天，而这是中国迄今为止时间最长的一次载人飞行。想知道神舟十一号飞船长什么样，有什么任务和使命？下面就请他自己告诉你吧。

✦ 我的长相 ✦

我是中国神舟系列飞船的第十一个，你可以喊我小名"神十一"。相信你一定对我前面十个哥哥非常熟悉。同我的哥哥们的身形一样，我们都是三舱结构，由轨道舱、返回舱和推进舱组成。轨道舱也称太空舱，是我进入轨道后航天员工作、生活的场所，里面除备有食物、饮水和大小便收集器等生活装置外，还有空间应用和科学试验用的仪器设备。轨道舱前端安装自动式对接机构，具备自动和手动交会对接与分离功能。返回舱又称座舱，是航天员的"驾驶室"，也是航天员往返太空时乘坐的舱段，为密闭结构，前端有舱门。你看到的航天英雄杨利伟飞天回来着陆后，在他背后合影的就是返回舱。推进舱，又叫仪器舱，呈圆柱形，内部装载推进系统的发动机和推进剂，为我提供调整姿态和轨道以及制动减速所需要的动力。我的身高是 9 米，相当于 3 层楼那样高，身体最大直径 2.8 米，起飞质量 8 吨，相当于 5 辆小汽车的重量。虽然我们神舟兄弟们长相都一样，但每一次飞行，在我们的身体里都会安装部分新研制的设备。等我发射升空后，就与等候已久的天宫二号空间实验室对接，成为一座小型空间站。

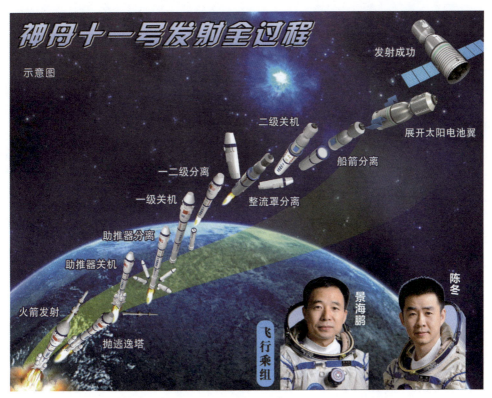

◎ 神舟十一号发射全过程

我的使命

长二 F 火箭将我送入地球轨道后，我自己变轨调相，与天宫二号交会对接构成组合体。航天员进入天宫二号开展实验。我和天宫二号牵手飞行第 30 天，按照任务安排就必须进行告别分离，航天员乘返回舱返回内蒙古四子王旗主着陆场。

我的此次主要任务是，为天宫二号在轨运营提供人员和物资天地往返运输服务，也就是看我能不能胜任为天宫二号送货的"天地快递岗"。 进一步"考验"以我为代表的飞船方面的功能和性能，特别是空间站运行轨道的交会对接技术；与天宫二号空间实验室对接后完成航天员中期驻留试验，考核

组合体对航天员生活、工作和健康的保障能力，以及航天员执行飞行任务的能力。

◈　　　我的乘客　　　◈

你一定很好奇，在我哥哥前面几次载人航天任务中，每次都将 3 名航天员送上太空，应该可以轻松装下 3 名航天员，但是我为什么减少了乘员人数？这是因为受生命保障系统能力限制，为延长航天员在太空驻留时间，只能减少人数。我的主要目的之一，是要开展航天员在太空中期驻留试验，因而刻意延长了驻留时间。虽然我和天宫二号兄弟的生命保障系统并非可再生式，但当中国空间站建成后，将采用可再生生命保障系统，届时我们的航天员住上长年累月都不是问题。

你一定还很好奇，在神九和神十任务中都有女航天员，为什么我没有女航天员？那是因为中国女航天员已经上去过两个，已经实现了飞行体验的目的。这次安排两位男航天员，也是考虑三个人已经飞行过多次，同时考虑到空间实验室还要进行较大规模的空间应用，空间有限，受生命保障系统能力限制，为延长航天员在太空驻留时间，只能减少人数了。

TIP 动动脑时间

神舟十一号上的两名航天员的名字是？

◎ 长征二号 F 型载人火箭直至苍穹

天舟太空加油秀

2016 年中秋节之夜，天宫二号空间实验室发射成功，进一步验证空间交会对接技术及一系列空间试验，这标志着中国全面进入空间实验室和空间站任务实施阶段。为了对空间实验室中航天员长期驻留和空间科学实验进行支持，需要通过货运飞船进行货物补给。如果说载人飞船是天地往返的载人工具，那么货运飞船就是天地间运货的输送工具。中国的第一艘货运飞船"天舟一号"由 2016 年已经首飞成功的中国新一代中型运载火箭长征七号于 2017 年发射升空。你一定听说了天舟一号进行了中国首次"太空加油"，下面就请天舟一号自己告诉你详细情况吧。

✣ 我的外形 ✣

2017 年年初，我还在"产房"中，下面照片中间那个巨大的身影就是我，直立的我上半身比下半身略显粗壮，是不是有些健美呢，其实上半身是货物

◎天舟一号在"产房"中

◎ 长征七号携天舟一号整装待发

舱，下半身是推进舱。顾名思义，货物舱用于装载货物，而推进舱用于提供动力。推进舱两侧各有一翼太阳能帆板，每侧展开后都有 3 块，组成一个平面正对着太阳光，从而可以将太阳能转换为电能，后部安装了 4 台变轨用主发动机，可以改变我在太空中的位置。此外，我的身上还安装了 24 台姿控发动机，可以精细化调整我在太空中的姿态。

托举我上天的是长征七号运载火箭。长征七号是中国新一代中型运载火箭。不光可以托举我上天，它也可用于发射人造卫星等其他载荷。长征七号运载能力强、可靠性高。此外，它的安全性也有进一步提升。虽然首飞表现完美，但是为适应即将到来的发射任务，长征七号遥二火箭在首飞试验结果分析基础上，按照发射我的状态变化要求，进行了相应优化设计，进一步提高了相关产品的可靠性，以满足发射的任务要求。因为长征七号的当初立项就是为发射我，可以说是为我而生的，我俩血脉相连。

太空加油

按计划，等我发射入轨后，将与早已在太空中等候的天宫二号空间实验室先后进行 3 次交会对接、3 次推进剂在轨补加以及多领域的太空实验项目。

第一次与天宫二号自动交会对接预计于发射入轨两天后进行，我俩形成组合体随后在轨飞行两个月。期间，计划完成 3 次**推进剂在轨补加试验**，同时测试我对组合体的控制能力。

推进剂在轨补加技术就是俗称的"太空加油"技术[①]，是我的核心能力之一，是空间站建设的标配。由于空间站在绕地球飞行的太空轨道运行会受到地球上空稀薄大气阻力的影响而逐渐降低轨道高度，为了保持原有高度，就必须消耗燃料推动其上升，这就需要我为空间站进行燃料补充。我将通过

---

① 此次任务被形象地称为"太空加油"，这是天舟一号此行最大的亮点。所谓"太空加油"，就是天舟一号货运飞船与天宫二号空间实验室交会对接后，实现太空在轨推进剂补加，开展推进剂在轨补加技术验证。

一些特有的接口将燃料加注到天宫二号中，从而可以使天宫二号长期稳定飞行在指定的地球轨道附近。

等以后航天员长期住进了我们的空间站，我还会送来诸如空气等生活必需品。只不过，饮水、食物以及其他器物设备则需驻空间实验室或空间站的航天员从我"肚子"里搬运到站内。同时，我还可以做空间站的"垃圾桶"，航天员取出所需的物品后，可将站内的废弃物品搬运到我肚子里，返回地球烧毁。

空间科学实验

除了空中加油和交会对接实验之外，我还肩负着开展多项科学实验研究及技术验证试验的使命。其中，"非牛顿引力实验检验的关键技术验证"将在轨测试高精度静电悬浮加速度计的工作性能。通常地球表面重力加速度为 $1g$（$9.8m/s^2$），该项目验证的静电悬浮加速度计分辨本领达到 $10^{-11}g$ 量级，相对于地球表面重力加速度的大小而言，可以分辨其小数点后第 10 位的加速度变化，极其精密。该项目获得的试验结果将为中国"卫星重力测量""空间引力波探测"等空间计划提供重要支撑。此外，"微重力对细胞增殖和分化影响研究"项目有望应用于心脏和肝脏疾病的治疗、器官移植、生殖健康以及预防和治疗骨质变化疾病等方面。

TIP 动动脑时间

被称为"太空快递小哥"的是哪个飞船？

小读者：神舟十一号在天的 33 天里，有哪些好玩的事儿？

奇航博士：首先，神舟十一号上面美食多。主食有米饭、黑米炒面、牛肉米粉等，菜品主要有土豆烧牛肉、油焖笋、萝卜烧三珍，还有一些白菜蛋花汤、去腻茶等，还有饮料桃汁等。航天食品 5 天内不重样，品种和种类比原来更丰富，根据航天员个人的口味准备了主食、副食、饮品、调味品和功能食品等 6 大类近 100 种食品。为了保证航天员的身体健康，神舟十一号配备了自行车以及其他的健身器材供航天员每天健身 30 分钟。这次飞行任务还设立了太空邮局开通天地邮政业务。神舟十一号航天员乘组还进行了由香港中学生设计的太空实验。

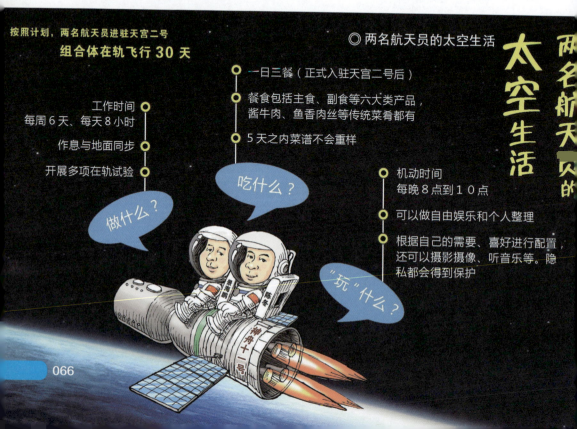

按照计划，两名航天员进驻天宫二号
组合体在轨飞行 30 天

◎ 两名航天员的太空生活

两名航天员的太空生活

工作时间
每周 6 天、每天 8 小时

作息与地面同步

开展多项在轨试验

一日三餐（正式入驻天宫二号后）

餐食包括主食、副食等六大类产品，酱牛肉、鱼香肉丝等传统菜肴都有

5 天之内菜谱不会重样

机动时间
每晚 8 点到 10 点

可以做自由娱乐和个人整理

根据自己的需要、喜好进行配置，还可以摄影摄像、听音乐等。隐私都会得到保护

吃什么？

做什么？

"玩"什么？

◎ "太空返回舱"旁展现千奇百怪的果蔬

小读者：神舟十一号的发射与我们生活有什么联系？或对生活有哪些影响？

奇航博士：航天技术，特别是载人航天技术要求高，门槛高，涉及的下游产业众多，比如精密仪器、电子、新型材料、新型燃料、自动控制等领域。一切科技的进步、工业的发展都是以人为本，归根到底是为人与社会服务的。空间的开发、深空的探测、载人航天的发展最终将扩大人类知识领域，提高人类的健康和生活水平，促进社会的持续发展，对人类社会的繁荣进步、人民生活的安康福祉作出巨大贡献。在不远的将来这种贡献将变得越来越重要和突出。航天科技和航天工业的发展使人类得以脱离地球逍遥漫步于茫茫宇宙空间，其价值不仅仅在于对各个国家现在的政治、经济、军事、科技等均具有巨大价值，而且有利于解决困扰人类的资源枯竭、环境恶化、人口爆炸等问题。

小读者：神舟十一号里面会不会进行试验？还是只是带着物资和航天员到天宫二号里去做实验？如果在神舟十一号里有做试验，是什么试验？

奇航博士：神舟十一号在 2016 年 10 月 17 日成功升空，将景海鹏、陈冬两名航天员送入太空。两名航天员主要做了以下几方面实验：

10 月 20 日，航天员开展太空养蚕实验，完成首次太空跑台训练以及在轨眼手协调、听力等身体机能的测试。

10 月 21 日，两名航天员进行在轨脑力负荷、在轨情绪特征研究等实验和测试。

10 月 22 日，航天员通过笔记本电脑收发邮件、实时下传实验数据。

小读者：天宫二号对生活带来哪些影响？

奇航博士：作为中国第一个真正意义的空间实验室，天宫二号将实现多项突破：航天员 30 天中期驻留；考核验证推进剂在轨补加技术；开展航天医学、空间科学实验和空间应用技术，以及在轨维修和空间站技术验证等

◎ 神舟十一号太空之旅

◎同学们关注神舟十一号飞行

试验，这些将为中国在 2022 年前后建成空间站打下坚实基础。当前，中国载人航天工程已进入应用发展新阶段。"天宫二号"将开展的 14 项科学实验尤其引人关注。这些科学实验对中国的科学发展、国民经济等都有很多用途。

小读者：北斗导航给生活带来哪些影响？

奇航博士：我们知道北斗导航不仅只是导航的作用，还有定位等各种功能。对定位功能来说，生活中处处都需要定位，比如车载导航，时时需要定位。目前大都使用的是 GPS 导航，很多人都不怎么信任这个刚发展的北斗导航，于是结合硬件与软件，北斗双模导航出现了。相比 GPS 单机导航定位，双模导航的定位更精准。比如同样在高架桥的状态下，GPS 单机导航是无法精准定位当前车辆究竟是在高架桥的哪个位置，而北斗双模定位系统，能精准定位到 10 ～ 30 米，以后还能达到更高的精度。

遥望月亮港湾

嫦娥三号

2013 年 12 月 2 日，嫦娥三号探测器怀抱"玉兔"，飞向月球 ①。"玉兔"是中国制造的第一辆月球车，它有什么样的本领？嫦娥三号又肩负了什么样的任务？奇航博士请嫦娥三号告诉你。

✦ 怀抱"玉兔"盼出发 ✦

只听我的名字，你可能会问，是不是还有嫦娥一号和嫦娥二号呢？没错，那是我的大姐和二姐。大姐嫦娥一号 2007 年出生，是中国第一颗绕月人造卫星，她开启了探月工程三部曲的第一步——绕月探测；二姐嫦娥二号出生于 2010 年，她带着先进的仪器，对月球进行侦察、拍照，为下一个探测器落月做准备；现在，我接过二姐手中的接力棒，开始进行探月工程的第二步——落月探测。我的任务简单说就是抬头望天——进行天文观测，低头看地——探测月球内部结构。

和我一起登月的还有"玉兔"，它可是身怀绝技。月球表面崎岖不平，有石块，有陨石坑，还有陡坡，要想走得稳稳当当，没有两下子可不行。"玉兔"有 6 个轮子，每个轮子都能灵活转动，可以爬过 30 度斜坡，跨越 25 厘米障碍，专为复杂地形而生。不过，"玉兔"的速度和兔子相差太远，每秒最快也只能行进约 5 厘米，只比蚂蚁速度略快些。以这样的速度行驶更安全，可以避免打滑、翻车。

---

① 月球，俗称月亮，古时又称太阴、玄兔、婵娟，是地球的卫星，并且是太阳系中第五大的卫星。月球直径大约是地球的 1/4，质量大约是地球的 1/80，太阳系内的卫星相对于所环绕的行星的质量比。月球是质量最大的卫星，月球表面布满了由小天体撞击形成的撞击坑。月球的自转与公转的周期相等（称为潮汐锁定），因此月球始终以同一面朝向着地球。月球本身并不发光，只反射太阳光。月球亮度随日月间角距离和地月间距离的改变而变化，满月时的亮度比上下弦要大十多倍。

◎ 嫦娥三号模型展示

应对困难有办法

当要出发的时候，我多少有些紧张。太空比我们想象的凶险，月亮上还有一道道难关。

温度关：月球极限高温约150℃，夜间温度可以低到零下180℃，有些地区甚至低至零下200℃。在这种环境里，仪器就有可能"中暑"或者"冻伤"，从而失去工作能力。

时间关：月球昼夜间隔大约相当于地球上的14天，怎样才能度过漫漫长夜？白天来临时如何自动进入工作模式？

大气关：月亮上没有空气，要在上面软着陆，不能使用降落伞，因为降落伞需要依靠空气的阻力才能起到缓冲作用。

困难虽然很多，但应对的方法更多。为了应对"温度关"和"时间关"，

我和"玉兔"都使用了可以伸缩的太阳能帆板，白天展开吸收能量，阳光太热还可以调整角度；夜晚则收起帆板，将仪器包裹起来，相当于给仪器盖上了一层"被子"，可以保障仪器不被冻坏，并且有剩余电力在白天来临时，将我和"玉兔"叫醒。

最困难的是对付"空气关"。由于不能使用降落伞，所以我只能靠发动机反推来降低速度。在离月球表面大约一层楼高的时候，为了防止把灰尘吹起来影响仪器工作，我要把所有的发动机都关掉，然后稳稳地降落在月球表面，这真是一个不小的考验！不过，我已经准备好了，完美地接受了检验。

最后我想对你说，我和大姐、二姐一样，只有单程票。等嫦娥家族完成任务后，在月亮上建造基地的梦想就不太遥远了。中国第一个登上月球的航天员会是谁呢？我和你一样期待。

2018年5月发射嫦娥四号中继卫星，年底发射嫦娥四号探测器。嫦娥四号是嫦娥三号的备份星，实现人类探测器在月球背面首次软着陆，开展原位和巡视探测，以及地月 L2 点中继通信。

 动动脑时间

嫦娥三号的使命是什么？

嫦娥五号试验器

　　大家好，我是"嫦娥五号试验器"。2014年11月1日6时42分，我在内蒙古四子王旗预定区域顺利着陆，标志着中国探月工程三期再入返回飞行试验获得圆满成功。这次的任务比较特别，也就是要有去有回——飞向月球，并返回地球。这是中国第一次实现"回"的飞行，难度高，意义大。

奔月大家庭

　　了解我们嫦娥家族的人都知道，嫦娥一号、嫦娥二号和嫦娥三号已经和大家见过面。大姐嫦娥一号发射于2007年10月24日，她的使命是"绕"月，

◎ 返回式卫星

返回式卫星是指在轨道上完成任务后，有部分结构会返回地面的人造卫星。返回式卫星最基本的用途是照相侦察，比起航空照片，卫星照片的视野更广阔，拍摄更高。

2009 年 3 月 1 日完成使命，按照指令撞向月球预定地点；二姐嫦娥二号起飞于 2010 年 10 月 1 日，她现在在距离我们 7000 多千米的太空中，目前仍在努力地工作着；三姐嫦娥三号于 2013 年 12 月 4 日带着玉兔号开始了它的奔月旅程，现在它仍然在月球上陪着玉兔号。

四姐呢？嫦娥四号是世界首颗在月球背面软着陆和巡视探测的航天器，已经于 2018 年 5 月发射嫦娥四号中继星，计划于下半年发射嫦娥四号探测器。你可能注意到了，我的全称是<u>"嫦娥五号试验器"</u>。也就是说，我更像是嫦娥五号的伴读书童，嫦娥家族的五妹嫦娥五号正精心准备，等待属于自己的时刻。

⊕　　　　　　有去有回　　　　　　⊕

按照计划，我主要试验怎么飞到月球和怎么从月球回来。其实，最困难的是怎么从月球回来。为了实现这个飞回来的目标，从我的"结构"到"步伐"，科学家们都设计好了。

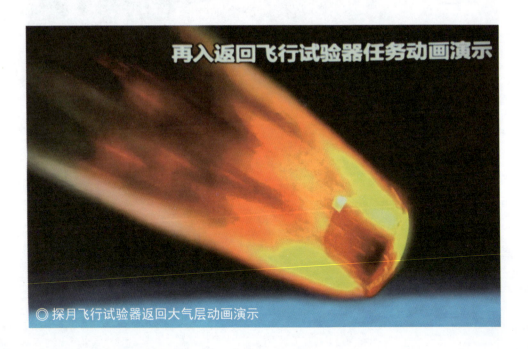

◎ 探月飞行试验器返回大气层动画演示

我的结构采用了"轨道舱+返回舱"的模式。当我飞回到距离地面5000千米左右时，开始调整步伐，然后抛离轨道舱，实现轨道舱和返回舱的分离。调整步伐风险很大，稍有不慎，我就可能由于速度过快，与地球擦肩而过。由于返回地球比神舟飞船的速度更快，所以我采取了"跳跃式再入"的步伐。

什么是"跳跃式再入"？这有点像打水漂。当石子以很小的角度快速入水时，会被水弹出水面，然后落入水中，再弹出水面，就这样蹦跳着向前跑。打水漂时的石子，比直接扔进水中的石子速度要低，下沉动作也更缓和。如果把大气层比作水面，我就是石子。当我第一次进入大气层后，产生的升力

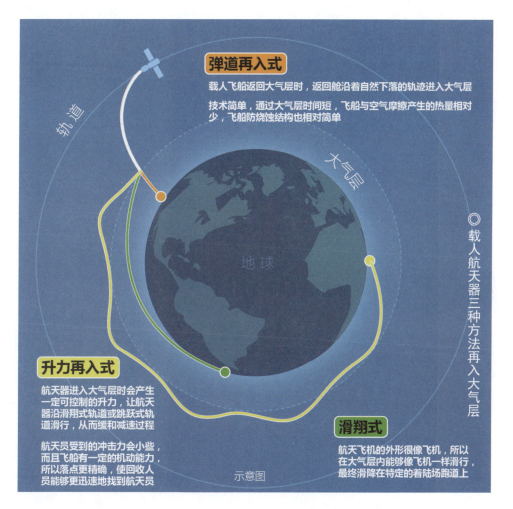

弹道再入式

载人飞船返回大气层时，返回舱沿着自然下落的轨迹进入大气层

技术简单，通过大气层时间短，飞船与空气摩擦产生的热量相对少，飞船防烧蚀结构也相对简单

轨道

大气层

地球

◎载人航天器三种方法再入大气层

升力再入式

航天器进入大气层时会产生一定可控制的升力，让航天器沿滑翔式轨道或跳跃式轨道滑行，从而缓和减速过程

航天员受到的冲击力会小些，而且飞船有一定的机动能力，所以落点更精确，使回收人员能够更迅速地找到航天员

滑翔式

航天飞机的外形很像飞机，所以在大气层内能够像飞机一样滑行，最终滑降在特定的着陆场跑道上

示意图

将我弹出大气层，这样就减低了速度。我还可以多做几次这样的高难度动作，以便使自己速度进一步降低，从而更容易回到地球。

⊕ 整装待发 ⊕

我这次主要是帮"嫦娥五号"探探路，所以将轻装简行。

你知道吗？苏联从探测器5号到探测器8号，共进行了四次无人绕月飞船发射，为载人登月做了充分的准备。而美国则先后实施了两次载人绕月任务"阿波罗"8号和10号，前者是不带登月舱的绕月飞行任务，在绕月10圈后返回地球；后者则首次验证了除登月操作之外所有的程序并顺利返回。

我们嫦娥家族承担无人探测任务，也为了给将来的载人登月打好基础，更远的将来是为了开展月球基地建设。

TIP 动动脑时间

嫦娥五号试验器的使命是什么？

月宫一号

当3位乘员谢倍珍、董琛、王敏娟伴随着众人的掌声，微笑着从"月宫一号"密闭舱中走出来时，标志着为期105天的科学试验取得圆满成功。这是2014年5月20日发生在北京航空航天大学的一幕。"月宫一号"是什么？它是用来做什么的？奇航博士已经迫不及待要揭晓答案了！

◎ 月宫一号举行换班仪式

综合舱和植物舱

我们知道，人类要想在外太空长期生存，就不能太依赖地面物质支持，需要实现自给自足。**月宫一号的核心就是生物再生生命保障系统**，简单说就是实现人类生活所必需的氧气、水和食物的循环再生。那么，月宫一号是怎

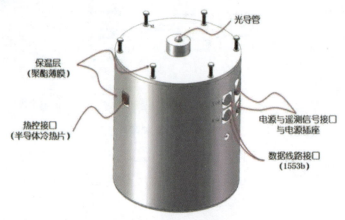

光导管

保温层
（聚酯薄膜）

热控接口
（半导体冷热片）

电源与遥测信号接口
与电源插座

数据线路接口
（1553b）

◎ 将由嫦娥四号携带的科普载荷"月面微型生态圈"

样一个装置呢？

月宫一号由综合舱和植物舱构成，共约 300 立方米，相当于两间普通教室大小。在 14 米长、3 米宽的综合舱里，设有卧室、工作间、洗漱间、废物处理间等，而人、动物和废物处理产生的二氧化碳经过净化后，会被送到植物舱，供植物进行光合作用。

植物舱 10 米长、6 米宽，分为两个种植室。乘员们栽种的水果有草莓，粮食作物有小麦、大豆等 5 种，蔬菜有胡萝卜、豇豆等 15 种。这些植物通过光合作用产生的含有丰富氧气的空气，会被送到综合舱供人们呼吸；植物因蒸腾作用产生的水，一部分送到综合舱作为生活用水，其余与净化后的生活废水、尿液等一起用于植物栽培。这样，就形成了一个生物再生生命保障系统。

自给自足

在月宫一号里，怎么解决吃饭这个问题呢？不用担心，除了可以吃前期带进去的食物外，在里面种植的小麦 70 天就可以成熟。这样，乘员们利用小型磨面机和电炊具，把收获的小麦磨成面粉，就做成了包子、花卷、馒头、烙饼等。而且，还有蔬菜和水果可以补充维生素。

◎ 太空温室蔬菜

◎ 神舟三号搭载的南充蔬菜种子

不过，没有肉可不行，它能提供重要的蛋白质和脂肪。除了提前带进去的一些肉类外，乘员们还利用植物不可食用部分培养黄粉虫，炒干后磨成粉与面粉混合在一起做馒头、包子。虽然刚开始吃不太习惯，但味道还是不错的，吃起来有些像薯条。当然，为了保证舱内空气洁净，禁止爆炒食物，所以乘员们的饮食特别清淡。

其实，抛开吃的小烦恼之外，乘员们的生活还是很丰富的。可以举哑铃、骑自行车锻炼身体；可以唱歌疏解压力；如果思念朋友、亲人了，还可以在综合舱内上网聊天。

据了解，月宫一号还会进行升级。这项试验不仅可以帮助人类未来在太空生活，其中的多项技术还可以投入民用，造福百姓。比如在舱内采用的立体植物无土栽培技术，在农业生产中有非常好的应用前景；而利用微生物燃料电池技术进行污水净化处理，会起到较好的作用。月宫一号带来的还不止这些，我们拭目以待！

◎ 返回地球的太空乌鸡

今年5月15日，随着"月宫一号"缓缓开启舱门，4位志愿者走出舱门。标志着"月宫一号"内进行的"月宫365"实验获得圆满成功。

TIP 动动脑时间

月宫一号里面种植的小麦可以吃吗？

一起来造"月球车"

NASA 一年一度的月球车设计大赛已经启动！你心中是否有在月球上开车的向往，是否想设计一辆自己的月球车？我们来看一看需要比些什么，规则是哪些？往年选手又是怎样的情况？那么准备好了吗，让我们一起来造"月球车"吧！

1971 年 7 月 31 日，阿波罗 15 号航天员戴维斯·斯科特和詹姆斯·欧文进行了人类首次月球车行驶，他们驾驶着四轮月球车，在崎岖不平的月球表面上，越过陨石坑和砾石行驶了数千米。斯科特和欧文成为在月球上漫步的第 7 位和第 8 位人，而且是第一个在月球上驾车行驶的。

时隔 23 年之后，受原始的月球车的激发，NASA 在 1994 年举办了第一届全球月球车大赛，当时只允许大学参加比赛，共有 8 支队伍参加。1996 年时高中队也可以参加，也是从那时起月球车大赛都是由美国空间和火箭中心举办，并且参加的学生每年都在增加。比赛是由位于华盛顿的 NASA 所属人类探索与操作任务理事会资助。主要赞助商是洛克希德·马丁公司、波音公司、诺斯普罗·格鲁曼公司和雅各布斯工程公司。

"**一年一度的 NASA 举办的月球车大赛变得更大更激动人心，就像一项 NASA 致力于培养年轻一代工程师、科学家和探险家的事业。**"来自组织比赛的马歇尔中心学术事务办公室的托米·罗文经理说道，"我们试图为每一个毕业生的课堂经验与一个真实的有形的未来相连接，我们希望在他们当中一些人能够被激发肩负 NASA 提供的空间任务和帮助我们将科学样本带回地球。"

◎ "月球车"原来长这样子啦

比赛介绍

　　学生们被要求设计一辆能够解决一些当初月球车团队遇到的工程问题的月球车。每辆月球车必须是人力驱动的，承载两名学生，一男一女。在半英里的赛程上，模拟月球上的地形，包括火山口、岩石、火山脊，还有月面土壤。事实上，月球表面崎岖不平的路面，有石块、有陨石坑，还有坡。在这种情况下，设计的月球车便需要克服重重障碍，既不能打滑，也不能翻车，必须做到前进、后退、转弯、爬坡，样样在行。

　　月球车项目的预期是"概念验证"和工程测试模型的性质，而不是最终的量产车型。每个学生团队的六名成员是负责建设自己的车，当然他们之中自行挑选司机，也必须是月球车的制造者成员。

作为竞赛的一部分——赛前测试，未组装的月球车必须进行的过程起跑线未组装的组件包含在 4 尺 ×4 尺 ×4 尺（尺寸要求类似于原来的月球漫游车）。在起跑线上，参赛作品将被组装和准备过程测试和安全评估。组装会发生在第一次比赛前。

前三名的优胜队伍各分队（一支高中分队和大学分队）将是那些以最短的时间来组装月球车和完成赛程的。每支队伍允许有两次跑全程的机会，只将最短的那次时间加上组装时间就是总的比赛时间。

比赛规则

● 团队要求

1. 每辆月球车设计团队必须包括高中生。

2. 学校或研究所最多出两支队。高中之间也可以合作组一支队来建造月球车。

3. 以促进教育为目的的机构，例如博物馆、科学中心、天文馆或私人公司也允许组建两支队分别参加月球车项目。其他国家也适用这些规则。

4. 高中队被认为是这些团队主要由 19 岁以下的学生组成。

5. 学院 / 大学队被认为是那些主要由学生 19 岁以上的学生组成的团队。

6. 不分组别，每队必须陪同的成人年龄 21 岁或以上作为导师或顾问。

● 制造要求

1. 推进系统必须是人力驱动的。能源存储设备，如弹簧、飞轮或其他的都是不允许的。

2. 学生应该是自己设计、制造和测试他们的月球车，而且月球车司机必须都参与了这些活动。

3. 对于月球车与仿真月面直接的接触没有任何约束，鼓励有创造性的设计，参与者可以自由选择轮子、履带、踏板等方式。

4. 每辆月球车必须为两位司机提供固定好的座椅。最好的方法是汽车安全带。

5. 所有尖锐的边缘和突起必须消除。

6. 月球车必须配备仿真高增益天线、防撞垫、旗帜和其他仿真设备。

7. 当月球车司机受伤或者流血时，可以退出比赛。

比赛路线

月球车大赛赛程围绕着火箭和其他航天器，包括土星五号登月火箭、航天飞机外部燃料箱和固体火箭助推器、模型登月舱模块的工程测试单元。赛程的总长度大约是 7/10 英里（大约是 1100 米），赛道上到处随机散落着月球上的障碍物。一个有趣的地形是赛场上有一个和实物大小一模一样的登月舱复制品位于月球火山口附近。

整个赛道如图所示，从红色三角形处开始，沿着数字 1、2、3……顺行顺序绕一圈后返回。起点处也即航天飞机的外部燃料箱和固体火箭助推器所处地方，赛段 3、4、5 是火箭展示区域。

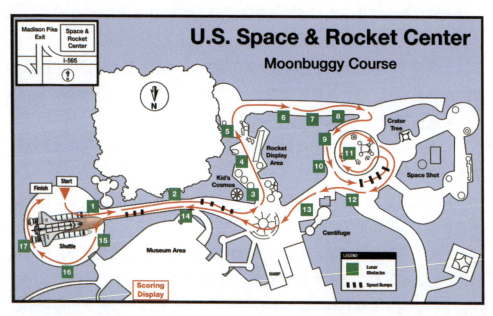

◎ 整个赛道一览图

第 19 届的精彩

2012 年 4 月 14 日，NASA 在阿巴拉马州亨茨维尔市为美国空间和火箭中心第 19 届 NASA 月球车大赛的获胜者加冕。来自波多黎各的 Petra Mercado 高中的参赛队获得高中组的第一名；来自亨茨维尔市的阿巴拉马州大学的参赛队获得大学组的第一名。

获胜的团队来自 20 个国家超过 80 个参赛队：波多黎各、加拿大、德国、印度、俄罗斯和阿拉伯联合酋长国等，大约 600 多名学生、工程师和机械师，加上团队指导老师和拉拉队，4 月 13 至 14 号聚集到"太空竞赛"。

由 NASA 组织的马歇尔太空飞行中心，参赛学生自行设计、制造和测试的由人力驱动的月球车。经过坑洼的半里行程，模拟了月球表面的坑坑洼洼状态，参赛队面临着许多在马歇尔中心的开发者于 20 世纪 60 年代晚期同样面临的挑战，获胜队采用了最好的月球车装备在最短时间内跑完赛道。

来自 Petra Mercado 的参赛队，在比赛的第二年，以 3 分钟 20 秒完成了半英里的路程。亨茨维尔市的阿巴拉马州大学将另一份成功带回家，以 4 分钟 3 秒钟完成。当年的第二名是高中组的来自波多黎各的参赛队，第三名是来自阿拉伯阿拉巴州的阿拉伯高中的第一组。来自位于 Humacao 的 Puerto 大学获得大学组的第二名；并且来自 Hammond,Ind 的 Purdueda 大学的卡路美（该名字是和平象征）队获得第三名。

比赛组织者为两组第一名获奖者颁发了刻画 NASA 原始月球车的奖杯，NASA 为每一个参赛队颁发了证书。赞助商洛克希德·马丁公司为高中组和大学组的第一名颁发了 2859 美元的现金奖励。

结语

月球车比赛是一个非常好的机会，这可以让学生们将课堂知识运用到现实生活中。这个比赛，让我们有机会去挑战实际问题，同时让学生们参与到

设计的各个环节，从最初的纸上构思到最终产品完成。这是一项非常了不起的工作，也许今日参加月球车设计大赛的学生明天将成为真正设计月球车的精英！

TIP 动动脑时间

你现在知道怎么造月球车了吗？

国际月球空间站计划

　　大家应该对运行在地球轨道附近的国际空间站比较熟悉了，它为我们航天员提供了长时间的太空居所，非常有利于以国际合作形式开展空间科学与技术试验。为了在月球上建立永久的立足点，我们将不止需要奔月载人飞船。正如在过去征服偏远和荒芜的土地一样，可能需要沿途预先安营扎寨。在通往月球的道路上最方便的位置是月球轨道。在这里，在月球表面返回的着陆器将与来自地球的运输飞船相连，从而可以交换航天员和货物，并且可以储存大量推进剂用于特定的"大功率"任务，例如在月球表面上部署大型复杂月球基地模块。最近几年，国际航天界也开始论证国际月球空间站计划的可行性了。那么，国际月球空间站计划当前状态是什么？采用了哪些先进技术？它的建设对未来太空探索有什么样的意义？

　　月球轨道站的概念出现在早期美国和苏联对月球探测的研究中。早在1959年，后来领导美国研制土星5号超重型运载火箭，将第一艘载人登月飞船阿波罗11号送上了月球的冯·布劳恩博士设想在月球轨道上进行飞船补给，以便于"水平线"项目的建造月球基地计划。"水平线"项目是由美国陆军弹道导弹局秘密领导的，任务不仅是保护"美国在月球的利益"，还要对地球进行空间侦察。按照规划，到1964年，美军将发射40次"土星火箭"，一些飞船与轨道空间站成功对接，然后被送到更远的地方。1965年1月，一艘携带建立庞大哨所所需物质的巨型飞船开始登陆月球表面，3个月后就会有2名航天员登陆月球。在月球建立军事哨所的计划很快展开，预计到1966年11月，哨所将建成，首批入驻的军事人员为12人。美国陆军估计这个项目的花费为60亿美元，但实际上，这个基地从未建成。

　　1962年，同样是领导苏联研制第一枚远程运载火箭（洲际弹道导弹）、第一颗人造地球卫星、第一艘载人航天飞船的谢尔盖·科罗廖夫也考虑在月

◎ 国际空间站掠过月球

球轨道建立长期"卫星站"的可能性，目的是支持深空探测。

　　首个具有可操作意义的月球轨道站计划是 2007 年在俄罗斯首都莫斯科郊外的加加林航天员培训中心"星城"① 一次会议上提出的。它是俄罗斯月球基础设施计划的两个部分之一，另一部分是月球表面上建造基地。该月

---

① 加加林航天员训练中心已成为现代化的科学研究、试验训练和飞行基地，组成了一支高素质的专家队伍，其中航天员培训更使中心名声大噪。目前，该中心的培训已经形成了一个得到世界公认、稳定成熟而且科学的结构体系。

◎ 空间站上的农作物

球轨道站将具有六个对接口、用于对地通信的高功率天线、用于轨道机动和姿态控制发动机、太阳能电池板和机械臂。该机械臂类似于由欧洲空间局为国际空间站俄罗斯部分开发的。月球表面基础设施和该月球轨道站将在超级重型版本的安加拉火箭发射到地球低轨上。为了摆脱运载能力约束，俄罗斯航天科学家提出了一个巨型火箭家族，能够一次性从45吨至令人难以置信的175吨货物运送到地球低轨。这项计划原本预计将于2030年后建成。

2015年，俄罗斯能源火箭航天公司与美国波音公司公布了联合建造月球轨道站的方案，为未来月面基地建设做准备。上报的各种方案均可容纳4名航天员在轨持续工作30～360天。负责实施的俄方公司是科罗廖夫能源火箭航天集团，该集团和NASA将联合设计绕月空间站。

面对月球轨道空间站方案，俄美有两个方案。第一种方案由两家公司各建造一个10吨的小型居住舱，这两个舱室均可进行姿态控制和轨道调整，

◎ 俄罗斯空间站

并可分别与载人/货运飞船对接，美方的舱内主要包括航天员的工作生活空间和一个仓库，俄方的舱内则存放训练器材和航天员生命保障系统的耗材。

此外，俄方还将建造一个多舱门的连接舱和一个压差隔离舱，用于与飞船及其他轨道站的对接，以及航天服、设备工具和耗材的存放。目前，这四个舱室的多种相互对接方案正在研究当中。

第二种方案为两家公司联合建造一个24吨的大型居住舱，可供开展长期的载人飞行任务和科学实验，其发射需使用美国 SLS 超重型运载火箭，该方案也将使用俄方建造的连接舱和压差隔离舱。

目前该项目的愿景是一个多舱段组成的前哨站，本质上是一座由美俄两国主导、众多国家参与建设的小型国际空间站，但是它不在地球轨道上，而是运行在月球附近。

该空间站将使用比目前国际空间站更为先进的技术，比如闭环生命保障系统，并将使用电推进系统。空间站配置所谓的"闭环生命保障系统"，空气和水在这一系统中可以循环利用。机舱内还能培育新鲜植物，这不仅能为机组人员提供食物来源，还有利于航天员们的"心理健康"。电推进系统，也称电火箭发动机，是一种不依赖化学燃烧就能产生推力的设备。它的优点是不再需要使用固体或液体燃料，省去了复杂的储罐、管道、发动机燃烧室、喷管、相应冷却机构等，能大幅减少航天器的燃料携带量，未来将是深空探测器的主推进器。这些新技术将使月球空间站成为人类首个星际中转站，用

◎ 中国空间站特色

于航天员前往小行星甚至在 2030 年前往火星。NASA 也将该空间站视作载人火星任务的"试验场"。

虽然 NASA 还沒有正式启动月球空间站项目，不过从美国政府和工业部门的研究可以看出，都将月球空间站视为未来努力的目标，其很有可能在未来成为美俄两国正式合作的联合载人深空探索项目。

国际空间站计划将是未来世界最具有挑战的太空基础设施建设，即使是倾尽一国之力也恐怕难以完成，最有利的局面就是开展国际合作。这对美俄及其他参与国的航天发展至关重要，可以帮助这些国家在各自国内建立长期稳定的航天研发项目，对外形成合力共同推进人类往更远的太空驻扎，也为未来的载人登月奠定了基础。一旦未来月球空间站正式立项，这个空间站将成为人类前往月球、小行星和火星等深空天体的前哨站，也是人类进行月球表面基地建设的必要准备，同时支持世界载人走向深空。

TIP 动动脑时间

国际月球空间站计划当前的状态是什么？

嫦娥家族新使命

　　2013 年 12 月 2 日 1 时 30 分，中国在西昌卫星发射中心成功将嫦娥三号探测器送入轨道。13 天后，嫦娥三号着陆器与巡视器分离，玉兔号巡视器顺利驶抵月球表面。按照原本的设计，嫦娥三号着陆器的设计寿命是 1 年，而玉兔号月球车的设计寿命是 3 个月。自从在月面软着陆以来，中国月球探测器的实际工作时间"远远超出设想"。2016 年 8 月，玉兔号月球车正式退役，嫦娥三号着陆器还在月亮上面工作着，持续向地面发回科学数据。嫦娥三号执行的是中国探月工程"绕"、"落"、"回"的第二步，而第三期工程由嫦娥五号完成。嫦娥四号是做什么工作？有没有嫦娥六号？下面让奇航博士告诉你。

⊕　"嫦娥工程"是怎样的　⊕

　　2004 年，中国正式开展月球探测工程，并命名为"嫦娥工程"。目前，已经发射了嫦娥一号、二号和三号。嫦娥一号完成了中国探测器首次奔月，嫦娥二号是嫦娥一号的备份星，同属探月一期工程，但完成了更多科学任务。嫦娥三号任务是中国探月工程"绕、落、回"三步走中的第二步，也是承前启后的关键一步，它实现了中国航天器首次在地外天体软着陆。按照最新规划，2018 年发射嫦娥四号探测器，实现人类探测器在月球背面首次软着陆，开展原位和巡视探测，以及地月 L2 点中继通信。2019 年择机发射嫦娥五号探测器，实现区域软着陆及采样返回。

　　未来，中国还将于 2020 年左右发射"嫦娥六号"等月球探测器，实现月球极区采样返回。嫦娥四号其实是嫦娥三号的备份星，而由于嫦娥三号任务圆满完成，嫦娥四号进行了适应性改装，目标变为实现人类探测器在月球背面首次软着陆。

嫦娥五号则是中国首个实施无人月面取样返回的航天器，将完成月面取样返回任务，是探月工程中最关键的探测器。

嫦娥六号同样会进行采样返回，不过面向的是月球极地区域。

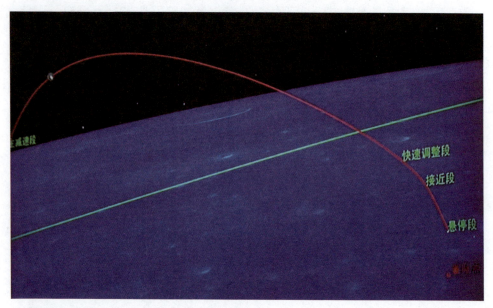

◎ 嫦娥三号探测器登月轨迹模拟动画示意图

✦ 掀起四姑娘的面纱 ✦

嫦娥四号登月探测器，简称"四号星"，是嫦娥三号的备份星。着陆月球表面，继续更深层次更加全面的科学探测月球地质、资源等方面的信息，完善月球的档案资料。由于嫦娥三号圆满完成任务，所以嫦娥四号可能会进行适应性改装。嫦娥四号任务已经通过探月工程重大专项领导小组审议，正式开始实施，预计今年下半年发射。

嫦娥四号将实现月球软着陆和巡视探测任务并将选用长征三号乙运载火箭发射。在科学技术方面，二期工程将实现四个"第一"，要研制并发射中国第一个地外天体着陆探测器和巡视探测器，第一次利用长征三号乙运载火箭发射地月转移轨道航天器，第一次建立和使用深空测控网进行测控通信，第一次实现月球软着陆、月面巡视、月夜生存等重大突破，开展月表地形地貌与地质构造、矿物组成和化学成分、月球内部结构、地月空间与月表环境等探测活动，建成基本配套的月球探测工程系统。

月球背面之所以显得神秘，原因在于我们无法从地球上直接观测到月球背面。由于月球的天平动，月盘边缘区域有时候会露出一点点侧背。总体上，从地球上可以观测到整个月球表面的59%。迄今为止，还没有航天器登陆过月球背面，但科学家并不缺乏月球背面的探测数据。对天文学研究而言，月球背面是一片难得的宁静之地。接收遥远天体发出的射电辐射，是研究天体（包括太阳、行星及太阳系外天体）的重要手段，称为射电观测。由于这些天体的距离遥远，电磁信号十分微弱，在地球上，日常生产生活的电磁环境会对射电天文观测产生显著干扰。所以天文学家一直希望找到一片完全宁静的地区，监听来自宇宙深处的微弱电磁信号。月球背面屏蔽了来自地球的各种无线电干扰信号，因而可以监测到地面和地球附近的太空无法分辨的电磁信号，为研究恒星起源和星云演化提供重要资料。

除此之外，月球背面更为古老，保留着更为原始的状态，具有不同于月球正面的地质构造，对研究月球和地球的早期历史具有重要价值。而地球上经历了多次沧海桑田，早期地质历史的痕迹早已消失殆尽，我们只能寄希望于从月球上仍保存完好的地质记录中挖掘地球的早期历史。

五姑娘压轴戏

明年择机发射嫦娥五号探测器，实现月球软着陆以及采样返回。这意味着中国探月工程"绕、落、回"三步走的最后一步即将完成。

嫦娥五号包括轨道器、返回器、上升器、着陆器四部分。到达月球轨道后，轨道器和返回器绕月飞行，着陆器和上升器在月面降落。着陆器用所搭载的

采样装置在月面采样后，装入上升器所携带的容器里。随后上升器从月面起飞，与轨道器、返回器组成的组合体进行交会对接，把采集的样品转移到返回器后分离。轨道器、返回器组合体飞向地球，在距离地面几千千米时分离，最后返回器回到地球。

嫦娥五号重达 8.2 吨，这样庞大质量和飞行距离将只能由中国目前推力最大的新一代大型运载火箭长征五号发射。此次任务有望实现中国开展航天活动以来的四个"首次"：首次在月球表面自动采样；首次从月面起飞；首次在 38 万千米外的月球轨道上进行无人交会对接；首次带着月壤以接近第二宇宙速度返回地球。

要嫦娥五号探测器以接近第二宇宙的速度再入返回地球，是一项很艰巨的任务。以往中国卫星再入返回，都是在第一宇宙速度之下进行的。而在寻求人、物以较快的速度再入返回地球时，则必须在第二宇宙速度下。这时返回舱不但速度很快，而且因与大气剧烈摩擦程度加大，表面温度也更高，这是两个难点，需要相当复杂的控制系统。虽然这次飞行风险很大，不过科学家们早有准备，因为在 2014 年发射了"嫦娥五号飞行试验器"，就是为了解决这个问题。

六姑娘勇闯极区

月球的南北极区由于特殊的地理条件存在大面积的永久阴影区，因此一直以来备受国内外学者的重视。正是由于特殊的地理位置导致了特殊的环境，使得月球极区的探测更具挑战性。

嫦娥一号探测器曾携带三线阵 CCD 立体相机，完成了目前覆盖最全、图像质量最好、定位精度最高的全月球影像，而针对两极地区也有详细的拍摄。美国的月球勘探者号无人驾驶探测器发回的初步数据显示，月球上存在水的可能性很大，这些水在月球上是以冰冻形式出现的。

值得庆幸的是，探测的结果中确实在月球的南北两极发现了显示水分子

"特征"的数据信号。科学家指出水分子或许并不完全集中在月球极地的冰层中，恐怕还存在于许多该区域由陨石撞击留下的陨石坑内。

而且还有很多关于月球以及整个太阳系的秘密恐怕只有等待嫦娥六号从月球极区带回标本才能揭开。

月球尚有很多未解之谜，嫦娥家族后续任务如同高空走钢丝般惊心动魄，而又让我们充满期待。同时，月球探测是中国由航天大国向航天强国迈进的标志性和带动性工程。让我们期待嫦娥家族的成功！

◎ 喻京川太空美术作品

 TIP 动动脑时间

嫦娥六号的使命是什么？

第四章

漫游太阳系家族

十年追星路

"菲莱"创造了历史，成为第一个登陆彗星的人造探测器！"菲莱"是我的兄弟，2004年3月我们开始了"追星"之旅，终于在2014年11月13日圆了心愿。想听听我们的"追星"故事吗？请往下看。

目标 67P

大家好，我是"罗塞塔"，是一艘无人探测器；我的弟弟"菲莱"，是一艘无人着陆器。我的块头比较大，像一辆小型的公共汽车，配置有两个大翅膀——太阳能面板，展开后，每个翅膀都相当于4倍的身长；"菲莱"的个头小一些，大小和重量如同一台洗衣机，中国的科技迷亲切地称它为"韭菜"，我猜，不少人把"菲莱"错认成了"韭菜"吧。我们兄弟俩来自欧洲航天局，追寻的目标彗星名字叫"67P/丘留莫夫－格拉西缅科"，是两名苏联科学家于1969年发现并以他们的名字命名的，我们就简称它为67P吧。

一波三折

为了登陆67P，我们花费了10年多的时间，飞行距离相当于从地球往返月球8000次。然而，要准确降落在预定位置，还是困难重重。除了彗星表面的大石块，以及喷射出的气体和尘埃，都可能对登陆造成影响外，67P不但在飞，自身还在不停旋转。这样一来，"菲莱"花费了7小时，才顺利落在预定地点。当它按计划展开三条着陆腿后，人们才松了口气。因为着陆腿展开失败，就可能导致它登陆时翻滚或反弹。

可是，问题还是出现了。按照计划，"菲莱"落地后，"脚尖"会伸出螺栓，并依靠顶部推进器的力量把自己"钉"入地面。关键时刻，顶部推进

◎ 先驱者10号探测器经过木星的画面

器出现了故障。还好，"菲莱"启动了备用计划——伸出一个叉钩，像船抛锚一样把自己固定在了彗星表面。

不一样的感受

恭喜"菲莱"，完成了登陆彗星的壮举！到目前为止，我们已经启动了携带的各种仪器，多方面了解67P。我此前拍摄的照片显示，与许多人预想的不同，这颗彗星并不像一个土豆，而更像一只鸭子，这预示着67P可能由两颗彗星相撞而成。我们还发现，67P散发出的"气味"类似于臭鸡蛋和醋的混合体。我们还收集到了这颗彗星的"声音"，这种响声可能由其发射的粒子带电发出。这种声音人耳无法感觉到，但是放大以后，听起来像某种鸟在不停地咯咯叫，又像是敲击声。

天文学家认为，彗星由太阳系诞生初期的物质组成。由于它们自身温度极低并置身于"天寒地冻"的宇宙空间，因此自太阳系诞生以来，彗星成分几乎不变，对它们进行研究将有助于揭开太阳系形成的诸多奥秘。相信我们兄弟俩会为大家带来更多的惊喜！

 TIP 动动脑时间

"菲莱"登陆的是哪一颗彗星呢？

在太空中扬帆

前几年，美国一个叫作行星学会的组织首次试飞了"宇宙1号"太阳帆航天器。这个航天器的外形看起来怪怪的，像是一把撑开的伞，更像是一张帆。什么是太阳帆？它怎么在太空里航行？

阳光提供动力

你一定知道 15 世纪地理大发现时期，欧洲的航海家们扬帆远航，借助风力驶向传说中的大陆，麦哲伦船队更是凭借帆船完成了环球航行的伟大创举。**21 世纪的科学家们发现，未来的星际航行恐怕还要借助"帆"这种古老的工具，只不过驱动它们的不是气流，而是太阳光。**于是，一种新型飞行器——太阳帆航天器（简称太阳帆）诞生了。

太阳帆通常是由大面积的帆膜和伸展臂组成，帆膜相当于帆船的帆，而伸展臂相当于帆船的桅杆。要理解太阳帆是怎么从太阳那里借力的，我们先了解光子这个概念。光是由光子构成的，当光子撞击到光滑的平面上时，会像撞到墙上的乒乓球一样反弹回来，并给撞击物体以相应的作用力。所以，太阳光子撞击帆膜后产生的作用力——太阳光压力，会推动太阳帆前进，这就相当于风吹动帆船前进一样。

扬帆远航

太阳帆在太阳光压力作用下，会不断地加速，理论上最高速度是光速的 2%，这个速度可以脱离地球引力，飞离太阳系。太阳帆以太阳光为动力，无需携带推进剂，持续的加速能力和"永不枯竭"的能量来源，决定了太阳帆非常适用于深空探测。

◎ 看，展开的太阳帆

　　太阳帆能利用太阳光进行加速、减速，还可以通过调整角度改变航向。美国航空航天局设想，为了飞出太阳系，可以让帆更轻、更大，并在太阳系的适当位置摆上激光器和透镜，增加照到太阳帆上的光照强度。

　　谁能想到，帆这一古老的工具，又一次承载了人类远航的梦想。相信未来某一天，太空将会流动着像太平洋上一样庞大的帆船舰队。

TIP 动动脑时间

太阳帆需要携带发动机和燃料吗？

移居火星

美国不久前发布火星上有液态水的消息震撼了全世界，因为这意味着生命可能生存的条件。火星这颗红色星球，看起来那么近，却又那么远。咱们人类探测器造访最多的行星星球就是它了，你是不是开始想象以后搬家到它上面去？别急，看看咱们移居火星，路该怎么走？

自踏足宇宙这片神秘的领地开始，人类便利用各种日新月异的航天技术刷新着太空探索的飞行距离与飞行时间记录。1961 年 4 月 12 日，苏联航天员尤里·加加林乘坐东方号飞船进入太空，围绕地球运行 108 分钟，实现了人类的飞天梦。加加林由此成为进入太空第一人，人类在太空的脚步也开始越走越远。1969 年 7 月 20 日下午 4 时 17 分 43 秒，阿波罗 11 号成功降落在月球之上，在六个多小时之后，也就是 1969 年 7 月 20 日晚上 10 时 56 分，阿姆斯特朗的靴子接触到月球表面，将人类的足迹首次留在了遥远的月球表面，完成了人类在空间探索中的一大步。

◎ 航天员尤里·加加林

除了飞行距离的扩展，人类在太空中生活的时间也越来越长，从最开始加加林 108 分钟的绕地飞行，到"双子星"计划，再到"阿波罗"计划，以及后来的空间站任务，人类一次一次突破着失重环境下生活时间的记录，从几个小时，再到几天几个月，甚至一年。直至 1995 年 3 月，俄罗斯航天员瓦雷里·玻利雅可夫在"和平"号空间站上生活了近 438 天，成为目前为止人类单次太空飞行持续的最长时间。但这并不是终点，为追逐居住红色星球的梦想，人类正在进一步挑战自身太空生活时长极限……

◎火星

✦ 挑战时空的长度 ✦

　　人类为何要在宇宙空间中长时间地停留呢？因为人类要想在太空中走得更远，长时间的适应太空环境必不可少。早在20世纪70年代，人类的探测器就飞越了海王星，而2015年7月14日"新视野"号探测器又以近距离飞掠了冥王星，然而人类足迹的最远距离却仍然停留于月球。为能够在太空更深处探索，人类就需要花费更多的时间熟悉和适应太空环境，这就让技术储备成为了必要条件。2015年3月27日，国际空间站第43长期考察组发射升空，凯利和俄罗斯航天员根纳季·帕达尔卡和米哈伊尔·科尔尼延科飞往国际空间站，开始了创纪录的旅程。而 NASA 将利用这次旅行分析微重力环境对人体和心理的影响，这些研究也将为未来的火星任务提供准备。

评估微重力对人体的影响所需要的科学和技术手段已经比 20 世纪先进了很多，这就是 NASA 将半年期任务延长到一年的原因，同时也是凯利和科尔尼延科这次太空旅行的目的。如果人类想前往火星，我们就必须知道人体对失重状态的反应。地球上的医生将密切监测他们在太空逗留一年对身体的影响。凯利说他主要关注的是辐射对人体的影响，以及在微重力环境中生活可能带来的问题，这包括免疫系统受损、骨质流失和视力减弱等。他说："我希望我们长时间在太空停留、生活和工作的能力不会出现太大的问题，但如果不去做，我们不会知道实际情况会如何。"

✥ 踏足火星，我们需要什么 ✥

在 2004 年，俄罗斯曾向 NASA 提出过一项延长国际空间站航天员在轨时间的计划。当时，美国刚刚经历航天飞机坠毁事件，俄罗斯作为往返太空的唯一飞船提供者面临着严重的财政负担，他们试图通过本次计划从往返太空的发射中赚取更多的利润。航天员们一般在国际空间站上服役半年左右，根据延长服役的计划，联盟号飞船每年能节省 4 个人次的发射，这部分名额可以提供给那些支付 2000 万美元太空旅行费用的超级游客，这些收入对俄罗斯航天部门来说非常重要。然而 NASA 却拒绝了，理由是克服失重对航天员损害的准备工作还不足够。NASA 还表示之所以反对这项计划还基于生物医疗方面的原因，因为失重对人体的伤害还有待人们去深入研究。人类一旦进入太空，身体将面临诸多挑战——空间运动病、钙流失等。尽管今天的航天医学研究已经取得众多成果，然而对于太空对人体机能的影响究竟以怎样的方式进行，人类所知仍然太少。

虽然现在的研究表明，人类在太空生活的最佳停留时间为半年，但为了

探索遥远的小行星与火星，此次空间站一年期任务变成了经验积累的必要准备。未来的往返火星计划需要航天员在太空环境中生活约一年半的时间，而这种失重的环境将让人的心理、身体等都将承受极大的考验。为此，NASA甚至支持一项名为 Space Works 的研究，它将让航天员处于静止状态，从而显著地降低人类去往火星冒险之旅的消耗。

即使现在的科技已经突飞猛进，人类进军火星仍是充满艰险的征途，面临着必须克服的众多难题。

一是飞行动力的问题。航天专家指出，载人火星飞船的重量必然大于阿波罗飞船，所以运载载人火星飞船的火箭需要比土星 5 号火箭推力还大。或者采用多次发射，然后在近地轨道以多次对接的方式实施这项任务。另外，从火星返回地球更为不容易，甚至要有志愿者愿买"单程票"。

二是航天员人身保护和空气、饮食供应的问题。航天员在来往火星的过

◎ 月球上的足迹

程中，会受到太阳风暴和宇宙辐射的影响，这就需要加强太空天气预报能力和改进各种防护设备。同时，在中途和到达火星后，都需要保证航天员的氧气、饮水和食品的供应，而目前可以采用的解决方法就是再生式生命保障系统，或者就地取材生产。

三是人体必须适应新的环境问题。在飞往火星途中和到达火星后，航天员将长期处于微重力和低重力状态，会出现肌肉松弛或骨质变轻等太空综合征，而能活动的空间又很小，这也会对航天员心理产生重大影响，使这一问题更加严峻。

四是着陆火星和实时联系问题。登陆火星对飞船进入的技术也提出了很高的要求，飞船着陆火星要经过离轨、过渡、进入大气层和软着陆四个阶段，尽管时间不长但危险性很大。由于地球与火星距离遥远，无线电信号单程传输需要 20 分钟左右，故航天员无法获得地球控制中心的及时帮助，必须依靠飞船的自动控制设备和自己的知识、经验来解决遇到的问题。着陆火星后，还需要保证与地球的正常通信联系。

移居火星之路漫漫，我们在未来的日子里还面临着很多需要探索和解决的问题，而此次航天员在空间站驻守一年期任务也将为人类未来的火星探索提供丰富的技术积累。相信以人类不断探索的智慧以及积极实践的勇气，移居火星在未来将不会仅仅是一个梦。

TIP 动动脑时间

你做好移居火星的准备了吗？

与小行星的"亲密接触"

> 小行星是数量众多而神秘莫测的独行侠，科学家们经过了近些年的研究已经了解了基本的情况。但这还不够，必须得与小行星进行"亲密接触"，才能揭开隐藏在小行星身上的惊天秘密。你知道过去和未来我们是如何派飞行器去捕捉小行星的吗？

美国科学家近日利用了 NASA 资助的望远镜在 2011 年和 2012 年获得的信息以及令世人担忧的小行星"阿波菲斯"在 2013 年 1 月 9 日前远距离飞越地球前的新数据，实际上排除了小行星"阿波菲斯"在 2036 年近距离飞越地球时撞击地球的可能性。此前，阿波菲斯被认为有 2.7% 的机会在 2029 年撞击地球。NASA 科学家进行轨道验算后发现，"阿波菲斯"2029 年将和地球擦肩而过，但却将在 2036 年重新光临地球，并可能冲破大气层和地球相撞！历史上，通古斯大爆炸就是小行星惹的祸。可见，有一类的小行星对我们地球的危害不可小觑。

小行星可以通过它们在太阳系中的空间位置进行分类，其主要有：

（一）特洛依群：特洛依群小行星是与木星共用轨道，一起绕着太阳运行的一大群小行星。

（二）主带群：小行星带是太阳系内介于火星和木星轨道之间的小行星密集区域。主带内最大的三颗小行星是智神星、婚神星和灶神星，它们的平均直径都超过 400 千米；在主带中只有一颗矮行星——谷神星，直径大约 950 千米；这四颗小行星被称为小行星中的"四大金刚"。其余的小行星都不大，有些甚至只有尘埃那样大。

（三）近地小行星：近地小行星指的是轨道与地球轨道相交的小行星。这类小行星可能会带来撞击地球的危险。

（四）柯伊伯带小行星：柯伊伯带是现时我们所知的太阳系的边界，是

◎ 小行星轨道

太阳系大多数彗星的来源地。

　　在 20 世纪 90 年代以前，人们主要通过地面天文观测研究小行星，同时还通过对陨落到地面的小行星碎片进行研究，从而得到小行星物质组成和化学成分。随着人类深空探索的深入，国外对小行星的探测日益增多。美国、欧洲和日本先后发射了多颗小行星探测器，有的实现了小行星表面物质的取样返回。

力量小，但更管用

　　由于小行星探测需要探测器飞得更远、时间也更长，小推力推进技术因而登上了深空舞台。连续小推力是相对常规化学推进器所能产生的推力而言，在众多的推进技术中，可提供连续小推力且比较成熟的推进器可分为电推进和太阳帆两类。化学推进系统发展较早，技术更为成熟，但提供给探测器加

速能力有限。电推进是利用电能加热或电离推进剂加速喷射而产生推力。太阳帆的原理其实并不复杂，就类似大海中航行的帆船一般，只是太阳帆依靠的是太阳光压力而不是风。小推力推进技术虽然提供的推力很小，但是通过持续的加速，最终使航天器达到一个可观的速度。在化学推进的航天器与小推力航天器的假想比赛中，就类似龟兔赛跑那样，最终胜出的是那个不断加速的。

电推进的理论始于 20 世纪初期，1906 年美国科学家戈达德 (R. H. Goddard) 提出了用电能加速带电粒子产生推力的思想。1911 年俄国航天事业的先驱齐奥尔科夫斯基也设想利用带电粒子作空间喷气推进。1929 年德国科学家奥伯特 (H. Oberth) 出版了研究利用电推进的书。1929—1931 年间，苏联在列宁格勒建立了专门研究电火箭发动机的机构，并演示试验了世界上第一台电推力器。

电推进系统在航天任务中比较典型应用的有美国的深空探测航天 Deep Space-1、黎明号，日本的小行星取样探测器隼鸟号，欧空局的 SMART-1 以及月球探测器和地球重力场和海洋环流探测卫星 GOCE。Deep Space-1 发射，是电推进首次作为主推进系统在深空探测中的应用。黎明号于 2007 年 9 月发射，配备了先进的等离子推进系统（电推进），旨在访问灶神星和谷神星这两颗小行星。

著名天文学家开普勒早在 400 年前就曾设想过不携带任何能源，仅依靠太阳光的能量使飞船驰骋太空的可能性。他曾指出，彗星烟雾状的尾部就是在太阳光影响下"不断飘动的"。开普勒还计算出太阳光可为宇宙飞船提供的具体推力。但直到 1924 年，齐奥尔科夫斯基和其同事灿德尔才明确提出"用照射到很薄的巨大反射镜上的太阳光所产生的推力获得宇宙速度"。正是灿德尔首先提出了太阳帆——这种包在硬质塑料上的超薄金属帆的设想，成为今天建造太阳帆的基础。

太阳帆具备的永久动力源和高速行进能力是火箭也无法具备的，所以随着技术的不断发展和完善，太阳帆飞船必将取代火箭，成为人类探索远太空

的利剑。

✦ "追星"之路 ✦

黎明号计划是第一个探测这个重要区域的人类探测器，也是世界上第一个先后环绕两个天体的无人探测器。此前也曾有航天器飞经体积较小的小行星，并绕其轨道飞行甚至在小行星上降落。在将来，预计还会有更多探测小行星的航天计划。但是，过去从未出现过同一航天器先后环绕两个天体飞行的情况。科学家认为，探测灶神星和谷神星将有助于了解太阳系的起源，因此将这个项目取名为黎明号。

2011 年 7 月，美国宇航局的黎明号探测器传回自灶神星图像。照片中的灶神星表面崎岖不平，与太阳系内更小更轻的小行星截然不同。科学家表示这些新图像显示灶神星更像是一颗行星，而不是小行星。他们认为灶神星是二者之间的一种"过渡天体"。

2012 年 5 月，美国宇航局宣布，通过分析黎明号探测器发回的最新数据显示，灶神星形成于约 45.6 亿年前，是目前已知唯一经历过太阳系早期岁月的小行星；它具有以铁元素为主要成分、半径为 110 千米的内核，是地球陨星的最大单一来源。

当 2015 年顺利抵达谷神星并进入轨道，黎明号便成为第一艘环绕过两颗太阳系天体（地球之外）的探测器。

黎明号使用离子推进器可以在探测器从地球起飞时使用较小的运载火箭，降低发射成本。离子推进器还有加速时间长、可取得较大的速度变化和便于控制的优点。在传统的行星际探测器上使用的发动机，可在 20 分钟内消耗 300 千克的燃料，获得的速度增量为 1000 米 / 秒。黎明号上的离子发动机每天只消耗 0.25 千克的氙气，获得的速度变化是 10 米 / 秒。为了取得 1000 米 / 秒的速度增量，仅需要 25 千克氙，但需要用 100 天的时间。因此其飞行时间比较长，这也是离子推进器的缺点。

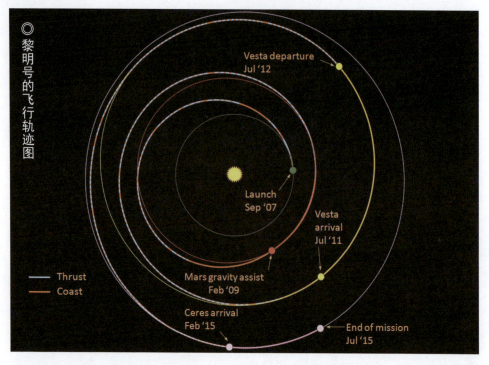

◎ 黎明号的飞行轨迹图

从黎明号的飞行轨迹图中可以看出，从地球上发射是 2007 年 9 月，然后在 2009 年 2 月通过火星借力飞行（可以得到加速），在 2011 年 7 月到达灶神星并于 2012 年 7 月离开奔往谷神星，于 2015 年 2 月份到达谷神星，2015 年 7 月份结束整个使命。这张飞行轨道图很典型，浅蓝色是打开发动机，而橘红色先是巡航段，小推力的特点也是一般是多圈才能到达目标星球。

✦ 一睹小行星真容 ✦

为了一睹小行星的真容，探测器可以采取以下四种方式：飞越、交会、撞击和采样返回。

飞越好比探测器"飞吻"小行星，这个时候两者相对速度很快，探测器在与小行星擦肩而过那一小段宝贵时间马上给小行星进行拍照。嫦娥二号卫星于 2012 年 12 月 13 日成功飞抵距地球约 700 万千米远的深空，以 10.73 千米／秒的相对速度，与国际编号 4179 的图塔蒂斯小行星由远及近擦身而过，当日 16 时 30 分 09 秒，嫦娥二号与"战神"图塔蒂斯小行星最近相对距离达到 3.2 千米，首次实现中国对小行星的飞越探测。交会时嫦娥二号星载监视相机对小行星进行了光学成像，这是国际上首次实现对该小行星近距离探测。

交会探测是探测器与小行星"共舞"，探测器先是快速追上小行星，然后缓慢从小行星身后靠近，最后两者一起飞行。这个概念同中国成功实施神舟飞船与天宫一号交会对接任务一样，即太空中两个天体缓慢靠近，但是天宫一号是主动配合神舟飞船，而小行星不可能听话去配合探测器。

撞击是探测器与小行星迎头相撞，从而使小行星偏离威胁地球的轨道。2005 年，美国的彗星探测飞船"深度撞击号"释放出一颗 372 千克级的钢弹，撞击坦普尔 1 号彗星的核。只不过，"深度撞击"撞击号坦普尔 1 号彗星就像蚊子冲进一架波音 747 飞机，对彗星运动又不会发生影响。

采样返回任务探测器与小行星交会后释放一个着陆器，着陆器将携带探测仪器开展探测区小行星地貌和物质调查，进行小行星的空间环境和空间天气探测，获取探测区的背景资料，并选择合适地点进行钻孔采样和选择性机械臂采样。采样后返回舱在小行星表面起飞，将小行星样品运送回地球，供实验室做进一步的系统分析和研究。可以说，采样返回是一项高精尖的技术活儿。

随着中国探月工程一期、二期的顺利推进，三期工程也胜利在望，这些将充分奠定我们捕捉小行星的信心。人类探索太空的脚步永不停止，相信我们一定能够攻克一个又一个难关，在征途中取得新的胜利！

TIP 动动脑时间

深空探测器可以采取哪几种方式探测小行星？

朝火卫二进发

火卫二（英语：Deimos，中译：戴摩斯）是火星较小和较外侧的已知卫星。火星有两颗天然卫星，另一颗是火卫一（Phobos，弗伯斯）。在希腊神话中，火卫二是阿瑞斯（Mars，火星）与阿芙罗狄蒂（Venus，金星）的另一个儿子"Deimos"，在希腊语中意味着"惊慌"。火卫二越来越引起科学家们的关注，究竟它有什么特别之处呢？

没有先驱者们的"曲相推进"（是指以特定的方式让时空弯曲，从而使飞船超光速运动）、"举盾护卫"（阻挡星际氦原子的微风吹过太阳系）和"返回母舰"技术，大胆地去以前没人去的地方将会是一个令人敬畏的挑战。 载人绕火星一圈超出了目前技术水平。尽管还没有试验，科学家和工程师们已经开始论证空间在轨操作、机器人任务构建、运载工具的设计，如此等等的细节再加上适合的员工能够把火星轨道任务带入特殊的人类太空飞行领域。

在 15 世纪开始的黄金探索时期之前的几千年里，船是人们定期往返地中海的工具。后来，跨洋航海的赞助人就意识到跨洋航海是新的机遇，麦哲伦于 1518 年 9 月带着 5 艘船和 265 个船员离开西班牙，三年之后仅剩一只受损的船和 18 个船员，一半人死于饥饿和疾病，环绕地球航线一圈后缓慢驶进塞维尔港。一次伟大的航行因为坏血病丢失了 80% 的船员。此后少有因疾病而著称的跨洋航海。即使如此，麦哲伦和他的航行改变了世界历史轨迹。

进入 21 世纪，自从 1972 年人类陷入低轨道的太空航行的困境后，如何长期载人星际航行是人们苦苦思索的问题。如果成功的话，毫无疑问，历史再次改变其轨迹。但是，清醒的警告飘荡在人类上空：从低轨道的人类太空飞行到以星际旅行为目的，我们面临的困难一点也不少于麦哲伦。

麦哲伦航行装备的是 16 世纪的技术，同样的是，第一次突击性地进入星际太空也会装备相当原始的技术，许多技术追溯至 20 世纪 60 年代，自太空年代的末期至今，推动力和人类太空飞行的再入技术没有根本性的变化。

自 1961 年第一位航天员进入太空以来，已经有超过 500 人进行 270 次太空任务，累计超过了每年 100 人的太空飞行经验。但这种丰富太空飞行经验都是在低轨道上，12 个阿波罗宇航员在月球表面的平均时间是 2.08 天，平均月球之外的活动时间仅有 13.5 小时。在其他天体上，人类总经验少于一人一年的 7%。不仅是我们没经历过星际旅行，除非很多钱，在未来超过 40 年内，人类离开地球表面的距离不远于旧金山到洛杉矶的距离。

✦ 重回探月的困境 ✦

星座计划是 NASA 回归月球的计划，由于各种原因于 2010 年取消了。尽管回归月球探索有正当的科学理由，到现在努力被大量限制。公众缺乏热情，美国国会甚至与 NASA 本身都是原因，还有一部分原因是不够大胆，人们没有强烈的欲望在火星上留下足迹，在近地小行星上执行任务。如果重回月球探索有最终的正当理由，诋毁者则质疑从地球出发的机器人会把这种任务完成得更有效和更经济。

火星仍然是人类探索的灯塔，几代科幻小说家和多次成功的太空探索正在建立人类探索火星的信心。火星正在朝人类招手，尽管人类最终登陆火星，许多专家认为离成功还很远。还有另一条路可以把第一批的旅行者带去火星，即先把人类送往火星的"月亮"——火卫二。

✦ 为什么是火卫二 ✦

火卫二有许多优势使它成为**去火星系的逻辑上出入口**，在体积上它是 15 千米 × 12.2 千米 × 10.4 千米，远远大于其他近地小行星，NASA 在考虑近期拜访它。不同于其他大部分的小行星，火卫二的发射窗口一直是 2.14 年，许多专家相信火卫二实际上是个小行星。火卫二位于火星表面的仅仅 20000

千米处，比地球到月球距离的 5% 还少，那么比地球到月球来回 18 趟用的时间还少。令人吃惊的是，火卫二从地球低轨道比从月球表面更容易获得能量，从火卫二表面逃离的速度是可忽略的每小时 20 千米。

火卫二跟月球一样总是以同一面面对着火星，它的轨道高于火星轨道但与之同步。从火星表面上看火卫二，火卫二非常缓慢地从东方转到西方。从火卫二上看火星，火星缓慢地以每小时 2.7 度从东方旋转，火星表面经历两次日升日落。火星的另一颗卫星火卫一是如此地靠近火星，以至于从它上面观测火星只有一个很窄的视野。火卫一——天升降四次，观测火星将会比在火卫二困难得多。

在资源发现方面，火卫二能够成为整个火星系统（包括表面）的中转站。火卫二内部存储着有价值的资源，并且主带小行星上可运输的资源存储在火星轨道外侧。在火卫二就地取材是火星探索中的成功之笔。假如水和冰的存储被发现在地表，火卫二加油站能够加速返回地球的中转时间甚至比我们期望的时间提前完成到达火星表面的任务。

⊕　任务构建是关键　⊕

任务的组成不仅包括硬件也包含操作方面：最大化效率、灵活性，安全和成功。这项任务也为即将研发的关键技术服务。任务的主要特征是协同增效，一个真正创新任务的构建是可行的，否则它将不可能实现。人类去火星系统的任务仍然采用诸如化学推动剂、最小辐射量、经常性的舱外活动。

因此我们提议一个大胆不同于标准的方法，人类远程探索火星在程序层次的构建方面：从火卫二入手，人类在星际太空第一次有可实施的立足点。任何一个新的任务的构建来源于挑战，人类最大的两个星际飞行器现在仍活跃地飞行着。人类则经常受限于寒冷和心理以及生理的适应性。

在行星体的轨道上到达星际目的地一般依赖的是速度的改变和载运时间。飞船的体积越大，速度越快，所需的推动力越大。货物能够承受速度慢时间长，但人不行。

阿波罗飞船自动探索系统，在往返月球的一个来回中，火箭需要发射的包括飞行员、供应物质、着陆器、再入舱和推动器，总共有16层楼高，2961860千克。在飞行的12分钟之后，86%的物质落下了。当一个任务结束时，只有起飞时1%中的1/5的物质回到地球。而去火星的一个来回还包括在火星上待的时间，自带的探索系统是不可能的。为了减少人类去火卫二过程中运输工具的总量到一个可行的程度，消耗物、返回的推动力和其他的一些资源都必须事先放在火卫二。我们任务构建的这个方面一点也不奇怪，这个主意始于1927年，横渡大西洋航空运输本质上是单向任务，甚至在今天，横渡大西洋的航空运输是可行的，仅仅因为回来路上的消耗物都已经放在中转地了。星际运输采用这一方法。

在火卫二上建立人类的落脚点需要一系列不断增加的复杂的机器人先驱任务。这些探索包括地图的细节绘测和遥感来分析地表和地下岩层的多种样品。支撑它的基础设施（比如动力，交流，常温控制，冰箱，环境控制和生命支撑）在人类拜访之前一定要运输好，部署好，在操作上有可行性。从地球上发出的光环绕火卫二的时间是7到41分。在机器人学、自动化和智能专家的准备方面，火卫二营地将呈现有价值的挑战。

能够支撑3个宇航员933天的火卫二任务所需的消耗量的总量加上5%的裕度是不好应付的。使用NASA标准生命系统总共要带有96.658千克的水、氧气、食品和机组人员需要补充的物质。然而，一艘火卫二运载工具在出发的时候仅仅装载总量的25%，75%事先放置在火卫二。因此，它需要足够多的存储物事先放置在目的地。

⊕ 加强防辐射保护 ⊕

对于人类星际太空飞行来说，在生物医学领域太空辐射是主要的障碍。太空就像一个电子辐射在里面不停翻滚的大锅，电子辐射有足够多的能量来

摧毁分子间的纽带，使电子脱离原子，创造自由基从而给生物系统带来打击。辐射会导致基因组的不稳定，增加基因变异率从而导致癌症。随着年龄的增长会加速这一改变，包括中枢神经系统的毁坏。

　　尽管地球磁场使低能量的颗粒偏转向南北极，高能量的空间辐射却对地球大气层起保护作用，它保护生物圈免受伤害。地球上的所有生物都得益于

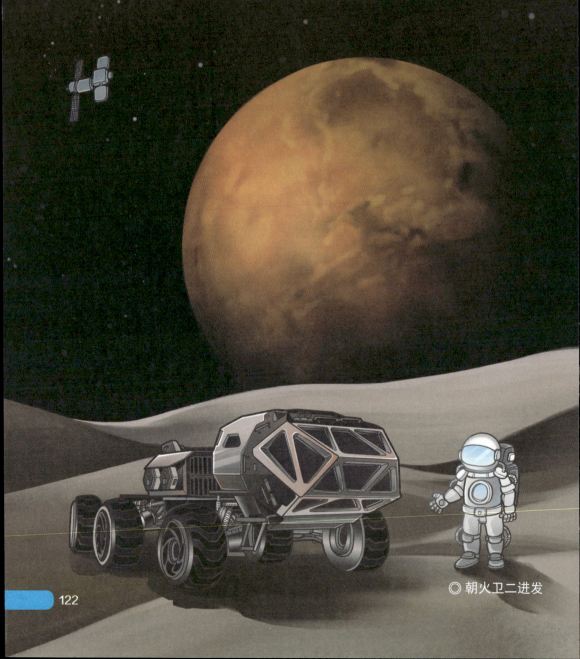

◎ 朝火卫二进发

一个自然的、被动的、持续不断的、每平方厘米 1030 克的防辐射带。我们已经设计出一个由地球大气层提供的简单的辐射保护秤，这种保护等量于每平方厘米 1030 克微粒提供 100% 的地球免辐射保护，称为 RP100。高于海平面的 5500 米处，一半的大气层高于此，一半的大气层低于此，等于 RP50。对比之下，空间站最受保护的区域提供免辐射的保护是 RP2，太空服则提供少于 RP0.1。

NASA 定义了一个人类暴露于太空辐射的极限，暴露在辐射中直接导致死亡。NASA 的宇航员终身只接受 3% 的癌症增长量。在去火星的 253 天、560 百万千米的旅程中，在火星科学实验室里测量出的每天辐射量是巨大的 1.8 毫西弗特，是每天海平面辐射量的 180 倍。这个数据等于每五六天进行一次全身 CT 扫描。

一次典型的绕火卫二旅程包含太空中的 203 天，待在火卫二的 497 天，直至返回地球的窗口打开，然后是 233 天的返回地球旅程。假设在火卫二上平均的辐射量是星际的一半，那一个合理的猜测是火星表面的辐射量是星际辐射的 1/3，火星有一个超薄的大气层比火卫二要大得多。没有额外保护，这样的辐射量是可以估计的，这个数据估计是 1.232 毫西弗特，对所有的宇航员来说（除超过 55 岁）超过了目前地球低轨道的辐射量。它也等同于地球上的人活 342 年所接受的辐射量。

长期暴露在微小重力的环境中，会对人体各种器官系统及子系统有害，如骨骼变形和损失、肌肉松弛、免疫力下降和永久性的视力改变等。有证据显示辐射和微重力的结合比一个更有害。记住麦哲伦的经历，想要星际飞行而没有足够多的考虑这些危险无意把我们引入一个危险的长期的像得了"坏血病"一样的太空探索。

尽管从长期来看药物甚至基因重组起重要作用，在可预知未来中大量的屏障物用来加强人们对于辐射的保护。一些屏障物胜于没有，而没有屏障物胜于少数。在火卫二提供 RP100（等量于地球大气层下海平面的保护）是通过设备预先放置在火卫二的内部而不是外部实现的，如果没有加强的辐射

保护，放置在地底总的辐射量比放置在表面要少 40%，暴露在外的总天数要少 53%。人类能够提供相同水平的防辐射量的仪器在月球下要埋 4.12 米，在火星上要埋 2.65 米。

在星际运输过程中更成问题，受限于物体的庞大，在长时间的任务中巨大的屏障物似乎是不明智的。NASA 遵从于 ALARA 定律（在理智上可以办到的尽可能接受低剂量的辐射），这一层次的辐射屏障不断完善。在运输过程中，RP5（相当于 51.5 克每平方厘米的屏蔽）是一个相当好的协调保护层次。它不仅保护成员免受所有剧烈辐射疼痛而且也免受强烈的太阳风暴，它是一个临界点，超过这个临界点，额外的屏障不会在保护剂量上有明显的降低，除非有多得多的屏障。换句话说，RP5 提供的是以最少的数量提供最多的辐射屏障。考虑到我们提到的任务构建的其他因素，RP5（2.5 倍于目前宇宙飞船所能提供的保护，10 倍于阿波罗飞船提供的保护，50 ～ 100 倍于太空服提供的保护）现在被认为是可接受的范围。

TIP 动动脑时间

火卫二有哪些特别之处呢？

第五章

探索系外文明

SUCCESS

旅行者一号

奇航博士：

　　你好！最近有一件事困扰了我：同学们在谈论太空探测器旅行者一号，有的说它已经飞出了太阳系，有的说它还在太阳系里活动。我上网查询，发现网上也是争论不休。你能告诉我一个确切的答案吗？

忠实的探粉

　　奇航博士收到这封信的时候，网友们也正争论不休呢！看来，只能请当事人回答了。奇航博士通过秘密通道，把信转交给了旅行者一号，没想到，它很快就回了信。

亲爱的探粉：

　　我收到了奇航博士的来信，看来是时候辟谣了。虽然我发出的信号大约需要 17 个小时才能抵达地球，但我不得不说：我离飞出太阳系还早着呢，至少要 3 万年才行。现在，我正驶向辽阔无垠、神秘而危险的宇宙。闪烁的群星向我招手，蛇夫座星群[1] 是我的下一个目标。

◎ 旅行者一号

---
[1] 蛇夫座是赤道带星座之一，从地球看位于武仙座以南，天蝎座和人马座以北，银河的西侧，离我们太阳系只有 5.95 光年。

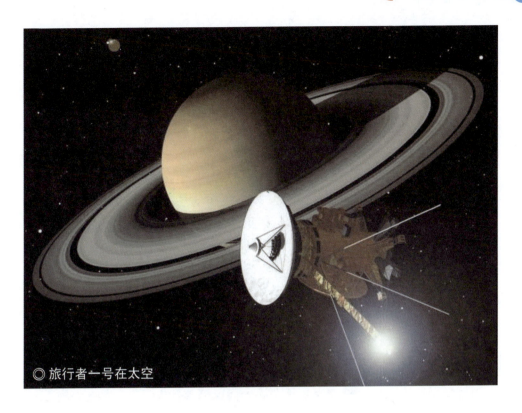

◎ 旅行者一号在太空

　　你们可能也不太了解我，因为我离开地球的时候，你们的爸爸妈妈大概才上小学吧。

踏上征程

　　1977 年，我在美国航空航天局的实验室中出生，当时的"体重"就相当于十几个成年人的重量。同年 9 月 5 日，我被一枚尾巴上喷着火舌的火箭托举上天，开始了太阳系的漫漫征程。因为火箭飞行过程中出现了大约 1 秒钟的燃烧不足，人们曾担心我无法到达木星，幸好是有惊无险。

　　最初，我的工作是探测木星与土星。说起来挺好玩的，我借助木星的引力，像弹弓一样把自己加速甩向土星，与这两大"巨星"进行了"亲密接触"。我拍到了高清晰的行星表面照片，最令人惊讶的是，在木星的卫星——木卫

一上，我发现了火山活动，这是在地球上从未观察到的。

　　经过长达 40 多年的飞行，我飞到了太阳系的边缘。由于距离地球太远，一声问候要经过 17 个小时才能传过来，此外便是死一般的寂静。说真的，我还真有点儿想念你们。

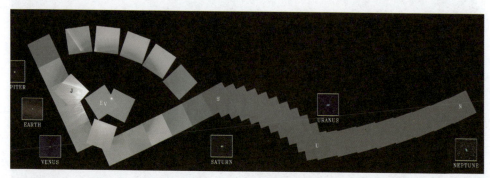

◎ 旅行者一号拍摄的太阳系全家福

　　虽然太空探索有些枯燥，但我知道自己的使命，也小心呵护着人类托我带给外星朋友的礼物。想知道是什么吗？可以悄悄地告诉你，那是一张铜质磁碟。它里面有人类用 55 种语言录制的问候语和各类音乐，其中有 4 种中国语言，分别是普通话、粤语、闽南语和吴语。磁碟上还有一个 90 分钟的音乐集锦，主要有海浪撞击声、雷声、鸟鸣等自然界的各种声音以及 27 首世界名曲（包括中国京剧和古曲《高山流水》等）。另外，磁碟上还有 115 幅影像，包括人类的图像和太阳系各行星的图片等。**相信外星朋友一定能听懂人类热情的问候，说不定还会去太阳系造访你们呢！**

　　不过，让我有点儿伤感的是，几年之后，我的电力将会逐渐减弱，设备也会陆续关闭。最终，我将与失去联络的先驱者 10 号、已停止操作的先驱者 11 号、我的姊妹船旅行者二号一样，依靠惯性，继续前进，只是再也无法和你们分享我的见闻感受了……

　　不管怎样，我一定会坚守自己的使命：帮助人类认识神秘的宇宙，为宇宙带去地球的文明。

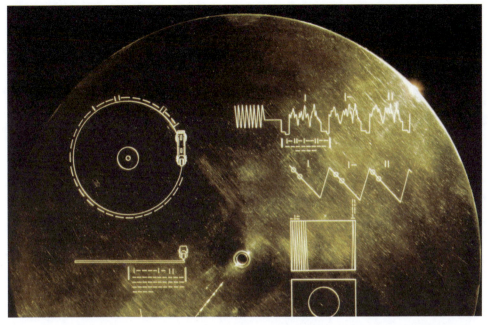

◎ 旅行者一号携带的唱片传递向外星朋友的问候

◎ 旅行者一号和二号在太阳系中的位置

◎ 太阳系家族成员

 TIP· 动动脑时间

旅行者一号发出的信号需要多长时间才能到达地球？

地球双胞胎

科学家们通过太空望远镜发现了比地球更大、更高龄的"老大哥"类地行星，将其命名为开普勒452b，并称这是目前为止最像"地球双胞胎"的行星。它长什么样？科学家们又是怎么找到它的？奇航博士请地球双胞胎"大哥"告诉你。

超级地球

当你听到我的存在一定激动万分吧，因为你居住的地球不再孤单。我是地球双胞胎"大哥"，科学家给我起的名字是**开普勒452b**。我居住在天鹅座，也就是你仰望星空时找到银河的北十字。虽然我一直在那里，但直到现在才

◎ 美丽的地球

被科学家确认。

我比地球大 60%，大约比地球重 5 倍，因此也被称为"超级星球"。正如你们地球有太阳这颗恒星，我的恒星比太阳还亮一点点。而我绕恒星旋转的周期是 385 天，也就是你在我上面居住一年的时间，是不是与你地球上很接近？我与恒星的距离就更与地球和太阳之间的距离类似。我的恒星比太阳还要"老"15 亿年，我自身也差不多有同样高龄（太阳的年龄是 45 亿年）。在最初的 50 亿年里，我和地球一样接受比较少的恒星能量，通过我可以让科学家更好地了解地球的未来。

关于我上面是否有生命、质量和成分这些基本资料，科学家们都还在探索。如果可能，欢迎你来我家做客，只是你需要以光速飞行 1400 年才能到达我这里。

聆听外星生命的声音

寻找我的过程虽然非常艰辛，但探索发现的过程一直让科学家们惊喜不断。我的发现标志着人类寻找"另一个地球"的里程碑式进展。

◎ 地球"双胞胎"开普勒 452b

◎ 奇妙的宇宙

第一个太阳系外行星是在 1995 年发现的。在 21 年前，太阳系外行星，特别是地球大小的星球还属于科幻领域。到今天科学家们发现我，令你们地球人激动万分，因为人类千年之梦——另一颗地球的转折点，接下来还会有数以千计的新发现出现。

科学家们寻找我是通过太空望远镜观测恒星的亮度实现的，相当于守株待兔，守着几百颗恒星，盯着看。行星会绕着恒星旋转，挡着恒星时，太空望远镜看到的恒星亮度会发生变化。但行星都比较小，甚至相当于一粒灰尘

◎ 系外行星想象

挡着电灯泡的亮度，所以不容易观测。

　　到目前为止确认了 1000 多颗太阳系外行星，还有 3000 多颗行星候选者，它们有不同的大小和公转距离，有些处于可宜居的范围里，也就是很有可能形成地球那样的生态环境。

　　最后，我想说的是，虽然你我的距离都要走好多年，好像不可能到达一样，但别忘了我的存在在 20 世纪还只是出现在科幻小说中。那么，今天科幻小说中出现的火箭超光速推进让我们快速到达另一个星球没准儿不久就能实现，让我们拭目以待!

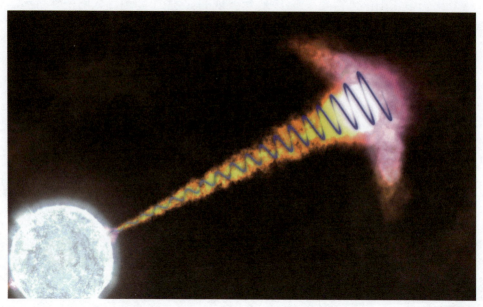

◎ 探索宇宙奥秘

TIP 动动脑时间
宇宙中还有跟地球一样的星球吗？

暗物质卫星

在现代天文学界和物理学界，有一个被科学家称为"世纪之谜"的难题，这便是暗物质。中国发射了暗物质粒子探测卫星悟空号，去太空追寻暗物质。到底什么是暗物质？这个卫星长什么样？这就请奇航博士告诉你。

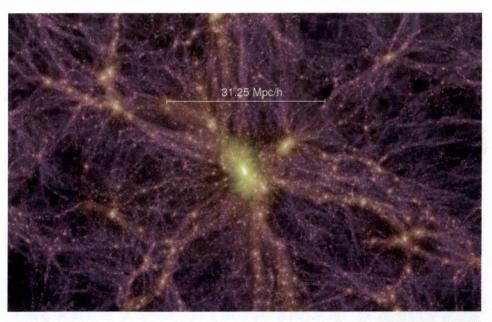

◎ 宇宙中的暗物质

⊕　　　什么是暗物质　　　⊕

我们通常观测到的普通物质，只占宇宙质量的百分之五，而暗物质却占了四分之一。那么，什么叫做暗物质呢？

爱因斯坦认为，宇宙质量的多少决定了宇宙的形状，而且，宇宙是有限封闭的。按照这个理论，科学家发现，宇宙中的大多数物质"失踪"了，这

种"失踪"的物质就被叫做"暗物质"。既然暗物质"失踪"了，那科学家是怎么知道它的存在呢？

　　现代天文学家对那些来自遥远星系的光线进行了研究，结果发现，这些光线在飞向地球的过程中，发生了畸变和散射现象。在经过多次运算后，科学家们得出结论：光线飞向地球的过程中，一定还受到了一个质量巨大、但却无法被我们看到的天体的影响，这一未知天体就是一个异常巨大的暗物质团。

◎ 哈雷彗星

追寻暗物质

为了进一步追寻暗物质的踪迹，中国科学家提出了研制"暗物质粒子探测卫星"计划。

在茫茫宇宙中寻找暗物质并非易事，传统方法是用大型探测器探测。如诺贝尔奖获得者丁肇中教授研制的探测器，安装于国际空间站上，竟然重达7吨！而暗物质粒子探测卫星重量很轻，不到2吨。科学家通过精巧的设计，减小了体积，降低了重量，大幅度节省了发射成本。

在电子探测方面，暗物质粒子探测卫星的效能是欧洲同类项目的50倍；在宇宙射线探测等方面，它的灵敏度和探测能力都远高于国外同类探测器。

有人会问，追寻暗物质有什么意义呢？科学家普遍认为，暗物质促成了宇宙结构的形成。如果没有暗物质，就不会形成星系、恒星和行星，更谈不上今天的人类了。所以，发现暗物质对揭开宇宙起源有着重大意义。

在未来的日子里，暗物质粒子探测卫星将在宇宙空间飞行至少三年时间，请大家等着它传回好消息吧！

> 2015年12月17日8时12分，我国在酒泉卫星发射中心用长征二号丁运载火箭成功将暗物质粒子探测卫星"悟空"发射升空。它具有能量分辨率高、测量能量范围大和本底抑制能力强等优势，将中国的暗物质探测提升至新的水平。

 动动脑时间

悟空号是哪个国家的卫星？

引力波——时空的涟漪

2016 年 2 月 11 日，美国宣布"探测到引力波的存在"，引力波将帮助研究人员探测到神秘而强大的宇宙事件，引力波具有很强的穿透能力，因此它们可使我们直接观测到大量宇宙隐藏秘密的更多信息。而我们的物理天才爱因斯坦早在一百多年前就预测到了宇宙中这一看不见又摸不着更是超出人类想象的"幽灵"。那么，引力波到底是什么？它又是怎么被发现的？它的发现为什么将会被载入史册？

✛ 引力波到底是什么 ✛

根据爱因斯坦的广义相对论，引力起源自质量对空间的扭曲：在任何有质量的物体附近，空间的结构都会受到扭曲。但这个扭曲并不总是待在那物体附近。特别是，爱因斯坦意识到这种空间的弯曲形变可以在宇宙中传播，

◎ 爱因斯坦百年前预测引力波原始文档展出

就像地震波在地壳里传播那样。然而它与地震波不同的地方在于它可以在空无一物的太虚中传播——并且还是以光的速度。

举个例子：如果将时空看成一张大橡胶膜，然后往上面放一个球，那么球的质量就会把橡胶模往下压。这时，如果在旁边再放一个球，那么可以看到，两个球分别造成的时空弯曲，让它们逐渐滚向了对方并最终亲密接触。

✦ 引力波是怎么被发现的 ✦

爱因斯坦在一百多年前预测了"引力波"，但他的计算结果显示出引力波极其微弱，以至于他认为这是几乎不可能被探测到的。引力波的效应是如此之小，所以一方面需要增加探测的长度，来增强变化的效应，另外一方面通过巧妙的方法来探测到微小的变化。这也是美国的引力波天文台建造之初所考虑的。它有两个观测点，分别建在美国两个州。每个观测点都有两个互相垂直、每条长达 4 千米的臂。长臂中间是高度真空的管子，而在长臂两端，悬挂着反射镜。探测器利用激光干涉技术，不间断地测量每对反射镜之间的距离。每当引力波通过探测器时，人们会探测到两对反射镜之间的距离呈现此消彼长的周期性变化。

◎ 激光干涉引力波天文台通过观测两个黑洞的碰撞融合过程

即使对于该引力波天文台 4 千米的长臂，引力波所造成的变化也是极其微小的。这次被探测的引力波实际上是从距离我们十几亿光年以外的地方，有两个分别为 29 倍太阳质量与 36 倍太阳质量的黑洞，它们俩太过于惺惺相惜了，以至于距离越来越近，最后竟然相互融合成一个大黑洞了。但是这个合体的大黑洞的质量并不是 29+36=65 个太阳，而是 62 个太阳质量。那丢失的 3 个太阳质量，根据爱因斯坦的著名动能方程，就变成能量，以引力波形式传播出去。但如此巨大的能量可能产生的尺度相对变化意味着 4 千米的长度也仅仅只变化了一个氢原子直径的千万分之一。为了达到这个精度，美国的科学家做了许多精密的设计，保证探测系统的稳定，保证反射镜的位置随机涨落小于一个氢原子大小的百亿分之一，从而保证可以相对比较容易地探测到可能的引力波源。

✦ 引力波发现的意义是什么 ✦

发现引力波为人类观测宇宙打开了一扇全新的窗口。引力波是一种方式，是一种看待世界的方式。**历史的发现轨迹告诉我们，每一扇新的窗口被打开，都会有令人称奇的发现。**虽然目前的探测能力还是有限，一旦这个引力波的世界被撬开了一道小的裂缝，让我们看到了春天的种子，相信硕果累累的引力波丰收季节也不会太远。

TIP · 动动脑时间
引力波的原理你知道吗？

天眼问天

　　2016 年 9 月 25 日，世界最大单口径射电望远镜——500 米口径球面射电望远镜（以下简称 FAST）在中国贵州平塘县克度镇喀斯特洼坑中落成。你想知道如何形容该望远镜之大吗？以及其神秘之处吗？下面就请 FAST 自己告诉你吧。

我的身世

　　其实早在 1994 年开始，通过不断探索，中国天文学家就提出了建造我的建议。选址在贵州黔南，因为地貌最接近我的外形（像一口"大锅"），因而减少了建造我的施工工作，就省下了一大笔挖坑的经费，而且那里喀斯特洼地雨水向下渗透不会腐蚀我的躯体。附近的 5 千米半径内没有乡村，最适宜我安静地开展工作了。在以后的工作里，我将是被动接受微弱的宇宙电磁信号，自身并没有强大的辐射，甚至还害怕遭受周边手机信号的干扰。

　　2007 年 8 月 28 日，历经科学家们 12 年的艰苦研究，我获国家立项批准，标志着我从纸面上转入工程设计和建造阶段。

　　2008 年 12 月 26 日，我正式建造，开始了如同胎儿一般一点一点地长大的过程。

　　2016 年 9 月 25 日，我正式长成，可以开始服务中国以及世界的科学家了。

身手敏捷

　　在以前，美国 305 米"阿雷西博"的望远镜是最先进的，现在的我比起我的前辈要有进步。中国科学家赋予我的体量和性能使我成为新的射电望远

镜之王，不仅将在尺寸规模上创造单口径射电望远镜的新世界纪录，而且在灵敏度和综合性能上，也将登上世界的巅峰。

在整体设计方面，阿雷西博的主射面整体是不可动的，如果被设计成抛面，只能被动观测扫过它的视场内源，这对于巨大的积分面积、灵敏程度的优化都是没有益处的。但是球面设计也有缺点，球面射电望远镜只能把电磁波聚焦在一条线上。而我可以主动接受电磁波，在主反射镜的每个面板上加入实时主动的控制技术。再悄悄告诉你，我整个大锅面是由很多块小面板拼成，通过主动变形技术实时把面板形成有效照明旋转抛物面，主动聚焦，大大增加了观测效果。

有了这些独门武功，我可以把覆盖 30 个足球场的信号，聚集在药片大小的空间里，甚至你在月亮上打手机我也能侦测到。虽然我很巨大，但确保钢结构不变形就是一大挑战，框架、索网、接收器，每一部分的位移都要控制在毫米级，我才能正常工作。

◎FAST 镜片

◎ FAST 夜景

⊕ 谛听宇宙 ⊕

等我经过测试开眼之后，我可以看到宇宙边缘，将神秘的暗物质和暗能量告诉你，甚至还能够捕捉特殊的星球。同时，对国家重大需求方面有重要应用价值，我能够把中国空间测控能力由地球同步轨道延伸至太阳系外缘，将深空通讯数据下行速率提高 100 倍，还能够把脉冲星导航变得无比精确。

中国还发射了自主研制的硬 x 射线调制望远镜卫星，它可以进行宽波段大天区 x 射线巡天成像，具有独特的观测黑洞、中子星等高能天体多波段 x 射线快速光变的能力，并可以监视天空的高能爆发现象。

随着中国空间站逐步具备维护在轨航天器功能，未来将会有中国版"哈勃"太空望远镜。地面上的我与太空中的望远镜形成立体化作战的望远镜集群，不仅将大幅提升中国在天文科学与技术方面的自主创新能力，还能广泛应用于导航、定位、航天、深空探测等领域。

TIP 动动脑时间

FAST 最新的发现你知道吗？

慧眼巡天

黑洞是宇宙中神秘而诡异的天体之一。关于黑洞，听过的人很多，了解的人很少，黑洞一直给人一种神秘的感觉，似乎有一种无比强大的力量，常常使人会想黑洞里面是什么这样的问题。在宇宙中，甚至存在比黑洞还要神秘、还要诡异的未知类型天体。带着人类强烈的探知渴望，硬 x 射线调制望远镜经过中国科学家们长达几十年的精心论证和设计，终于飞向了太空，去替人类揭开笼罩在这些神秘天体周围的"迷雾"。硬 x 射线调制望远镜是中国首颗空间天文卫星，奇特的名字代表着什么，究竟有什么厉害本领？下面就请硬 x 射线调制望远镜自己告诉你。

寻找什么的黑洞

遇到晴朗的夜空，你可能在家里的阳台上支起三脚架，通过天文望远镜去寻找木星的卫星或是土星的光环。但如果让你去寻找黑洞，你一定找不到。甚至，通过天文台的望远镜也很难透彻地研究清楚黑洞这样的天体，这就要借助我们空间天文卫星了。如你们所熟知的，通信卫星提供通信信号，导航卫星提供导航信号，气象卫星拍摄云层，而我们是卫星世界中比较特殊的一类家族，用来观测宇宙天体和其他空间物质。我们在离开地面几百千米或更高的轨道上运行，因为没有大气层的阻挡，我们身上所载的仪器能接收到来自天体的从无线电波段到红外波段、可见光波段、紫外波段直到 x 射线波段和 γ 射线波段的电磁波辐射，可以说，**我们是人类安置在太空的"千里眼"**。

当运载火箭将我送入太空时，我的标准体重是 2.5 吨，相当于一辆小汽车的重量。设计寿命是 3 年，飞行在距离地面 550 千米的高度上，并能够精确地指向宇宙深空某一个方向。我的身体结构可以分为两个部分：卫星单元、探测器单元（也就是望远镜）。

◎ 科幻电影《星际穿越》展现迄今最真实黑洞模样

　　通常把能量较高的 x 射线称为硬 x 射线，波长在 0.01 纳米到 0.1 纳米范围之间。人们经常说的纳米如同厘米、分米和米一样，是长度的度量单位。1 纳米即为 10 亿分之 1 米，相当于 4 倍原子大小，比单个细菌的长度还要短。波长在 0.1 纳米以上的则称为软 x 射线。人们所熟知的具有很强穿透力的 x 射线，仅仅是整个 x 射线谱中的一部分。根据大科学家爱因斯坦提出的光子说，光是由一份份光子组成，光的传播是一份份光子的传播，波长越短，光子的能量越大。对于研究天体极端条件下的动力学过程，"高能"的硬 x 射线是比 x 射线更重要的窗口。例如，黑洞吸引周围物质形成吸积盘，其最后一个稳定轨道内边缘的温度达到数百万上千万度，发射强烈的软 x 射线。而从吸积盘边缘到黑洞视界的高温等离子体温度高达数十亿度，这个区域主要发射比软 x 射线能量更高的硬 x 射线。所以，硬 x 射线是

研究邻近黑洞强引力场区域时间、空间和物质性质的关键波段，而且很多巨型黑洞被尘埃包围，软 x 射线无法穿透，只能用硬 x 射线探测器去发现它们。

由于需要从观测数据到真实对象的反演，也就是对黑洞成像，**我的独门绝技是采用直接解调方法，以非线性数学手段，直接解原始的测量方程，实现反演成像**。这样，用简单的准直探测器扫描数据直接解调成像，分辨率高，同时噪音干扰被有效抑制，背景异常干净，从而用简单成熟的硬件技术"调制"就使我可以实现高分辨、高灵敏度的硬 x 射线巡天。

同你见过所有的带镜片的望远镜不同，我身上的望远镜组件其实为一组工作在不同波段上的 x 射线望远镜，左边突出的是低能 x 射线望远镜；中间圆形的是高能 x 射线望远镜；右边是中能 x 射线望远镜。这三个望远镜都是上面说的准直型探测器，直接解调扫描数据可以实现高分辨和高灵敏度成像；而我身上的大面积准直探测器又能实现大天区成像。这些望远镜互相搭配协同工作，使得我在硬 x 波段具有前所未有的灵敏度和成像能力！

在接下来的时间里，我将会坚守自己的使命：帮助人类认识神秘的宇宙，力争为中国空间科学的发展做出重要贡献！

TIP　动动脑时间
你知道如何寻找黑洞吗？

知力君喊你来打卡啦！

亲爱的小读者们，阅读完这本书，你是否对太空的神秘有了更清晰的了解？别忘了，文末还有"动动脑时间"！这34个小问题，你的心中是否已经有了答案？欢迎来我们的"知识圈－闯关课"线上打卡！

具体打卡步骤如下：

1. 先扫下知力君的知识圈二维码，进入"知力读书会~Wow！去太空"的页面；

2. 进入页面后，点击课程目录，课程目录里共收录了书上的34个动动脑小问题，进入打卡中心按顺序开始打卡；

3. 打卡后，知力君会不定期邀请图书作者奇航博士进行线上互动，让小读者对知识点掌握得更牢固。

图书在版编目（CIP）数据

Wow! 去太空：跟航天人探索飞天路 / 钱航，尚玮，扈佳林著. — 北京：
科学普及出版社，2018.6
　（青年科学家趣谈科学）
　ISBN 978-7-110-09822-6

Ⅰ. ①W… Ⅱ. ①钱… ②尚… ③扈… Ⅲ. ①航天—青少年读物 Ⅳ. ①V4-49

中国版本图书馆CIP数据核字(2018)第119888号

总 策 划	《知识就是力量》杂志社
策划编辑	何郑燕　纪阿黎
责任编辑	何郑燕　纪阿黎
美术编辑	胡美岩
封面设计	张　跃
版式设计	胡美岩
插画绘制	曲　蒙
责任校对	焦　宁
责任印制	徐　飞

出　　版	科学普及出版社
发　　行	中国科学技术出版社发行部
地　　址	北京市海淀区中关村南大街 16 号
邮　　编	100081
发行电话	010-62173865
传　　真	010-62173081
网　　址	http://www.cspbooks.com.cn

开　　本	720mm×1000mm　1/16
字　　数	60 千字
印　　张	9.75
版　　次	2018 年 6 月第 1 版
印　　次	2018 年 8 月第 1 次印刷
印　　刷	北京盛通印刷股份有限公司
书　　号	978-7-110-09822-6/V·43
定　　价	39.80 元